日本企業が成功するための
米国食農ビジネスのすべて
商流の構築からブランディングまで

著 石塚 弘記／關 優作／田中 健太郎

はじめに

「米国食農市場への挑戦」と聞いて、皆さんはどのようなことを思い浮かべるでしょうか。

米国でビジネスを成功に導くということは、並大抵のことではなく、大きなチャレンジであることはイメージしていただけると思います。

これまで私たちは、米国の食農市場で様々な立場に身を置いている400社以上の現場の方々と、たくさんの対話を重ねてきました。米国という非常に攻略が難しい市場を粘り強く開拓し、米国の消費者に自社の商品を届けようとされるその情熱や覚悟には、時に身が震えるほどの熱量を感じます。

本書は、**米国の日系・アジア系ではなく、それ以外の「米系のメインストリーム」に向けた商流構築を本気で検討されている方、これから検討しようとされている方**に向けて、少しでもお役に立てればという気持ちで執筆しました。

今はまだ真っ暗闇の中で光を探している方、少しずつ現地の事情が分かってきたけれど、まだ霧がかかっていてぼんやりしている方、当地のパートナーと連携して一気に進出を狙おうとしている方、クロスボーダーM&Aの買収先を探索している方──。現業の成熟度合いや会社のビジョンに応じて、様々な方がいらっしゃると思いますが、本書が皆さんの行く先を明るく照らす灯台のような存在になれば、とても嬉しく思います。

最初はがむしゃらだった

私たちが所属している農林中央金庫の食農ビジネス（当金庫におけるビジネスの1つです）では、「ささえる」「つなぐ」「ひろげる」を合い言葉に、グローバルにフードバリューチェーンを作り上げていく取り組みを行っています。

以前はアジアが中心だったのですが、コロナ禍が落ち着き始めた2021年6月から、米国においても「米系のメインストリームに向けてフードバリューチェーンを構築する」取り組みを本格的に始動しました。当初、右も左も分

からない状況でしたが、米国食農市場の現場で様々な方とお会いし、ディスカッションする中で、徐々に視界が明るくなってきたことを実感しています。

そして、少しずつではありますが、日系の食品メーカー様に対して、米国食農市場へ進出するための支援をさせていただくことができるようになってきたところです。

普段、金融の仕事をしていますが、この領域には、コーポレートファイナンス、M&A、プライベートエクイティ、ベンチャーキャピタルなど様々な分野があります。各分野に多くの専門書が存在するので、まずは基礎的な知識を本から詰め込むことができます。もちろん、実務経験がないと即戦力にはなれないのですが、いわば「頭でっかちな状態」になったあと、実務を通じて実践知を高めていくというステップを踏むことができます。

一方で、この取り組みを開始した時は、残念なことに、この分野に必要な知識をまとめた専門書はありませんでした。恥ずかしながら、現地のネットワークもほとんどなかったので、最初はがむしゃらでした。日系人の多いロサンゼルスにいる日系農家の方の記事をインターネットで見つけ、Googleマップで電話番号を確認して、「お話を伺いに行ってもよろしいでしょうか？」とお願いするところから始まりました。本書はいわば、がむしゃらに動いた過去の私たちに向けての本です。

米国の食農市場はトレンドの変化や競争が激しいため、スピードも大切です。本書を通じて、現場感やリアリティを少しでも多く共有しつつ、この本を手にとってくださった皆さんが米国市場進出を志したその日から、社内・社外の関係者の方々と建設的な会話がキックオフできる、その一助になればと考え、今回出版の機会をいただきました。

本書で扱う範囲

本書では、これまで私たちが注力してきた「米国における食農バリューチェーン構築の取り組み」のうち、**日系食品メーカー様からのニーズが多く、私たちとしてもそれなりに知見が集積してきた「米系小売業界への加工食品流通」を中心**に据えています。私たちの視点から、米国食農市場を俯瞰するために重要だと思うトピックスを盛り込んで構成しています。

本書が想定する読者層は、主に米国進出を検討している方、米国小売業界への参入を志す食品関連企業になります。それに加え、日本企業の米国市場参入をサポートする政府関係者や地方自治体、地方銀行の皆様にも手にとっていただけると嬉しいです。

　新たな市場に参入するためには、まずは相手を知らなければなりません。これは大企業でも中小企業でも同じです。米国小売業界参入の第一歩として、どんな企業規模や進出状況でも、本書は有用であると考えます。また、食品業界だけでなく、ほかの分野で米国進出に挑戦する企業にも役立つような、米国内のネットワーク構築方法や商習慣についても記載しています。

　さらに、できる限り「現場の生の声」を届けたいと考え、実際に米国食農業界でバリューチェーンを築き上げているキーマンの方々にインタビューしました。

　なお、米国食品規制・レギュレーション対応（FDA登録、FSMA対応など）については、JETRO（日本貿易振興機構）をはじめ様々なコンサルや団体の専門的なレポートが豊富にあるため、そちらを参考にしていただければと思います。

米国の食品産業への参入が
難しいこれだけの理由

　日本から米国への食品の輸出は、物理的な距離や米国の厳しい食品輸出規制などが主な理由となり、他国に比べて難易度が高いとされています。

　米国は現在、日本に比べGDPが約4倍の超経済大国であり、食文化の似ている中国、ドイツを除くと、主要対外農産品輸出国で日本よりも唯一GDPが大きい国です。

　ちなみに、GAFAMなどの時価総額はよく話題に挙がりますが、売上高の世界ランク1位と言えば、どの企業でしょうか。

　答えは、米国小売大手のWalmart（ウォルマート）です。足元の決算では、売上高が6,000億ドルを超えています。小売企業たった1社で、国別のGDPランキングでも20位近辺に入るほどの規模です。そう考えると、米国の消費者市場の強さを感じるとともに、ここにこそ世界中のプレイヤーを惹きつける大きな魅力があると感じます。

一方、**巨大で成熟しているがゆえ、企業間の競争は激しく、消費者のトレンドの移り変わりも早い**市場です。また、**市場構造の複雑性はその成熟度に比例して高くなっており、全体像を把握したうえで、その一つひとつの商流をアンロックしていく（こじ開けていく）ための「資本体力」が相応に必要**な市場だと感じます。

　もちろん、中小企業と大企業では、投資余力や最終的な目標が異なるので、適切な投資金額は状況によって様々かと思います。

　比較的少額な投資としては、人件費や出張旅費、市場調査費用、当地のパートナーとの連携費用などが考えられ、高額な投資としては、設備投資やM&Aなどが想定されます。

　いずれにしても、一定の先行投資が必要な市場であり、食文化の似ている**アジア市場に比べて、市場参入に必要な投資の「Jカーブ」が深くなる傾向**がある。これが、米国食農市場の参入は相対的に難易度が高いとされる大きな理由の1つだと思います。

　このような前提のもと、その投資に向けた検討の入り口として、本書が少しでもお役に立てれば幸いです。

一時の挑戦ではなく、
サステナブルな事業を作る

　金融機関の人間として米国でこの取り組みを推進するにあたり、「特定の食品プロダクトを有していないことによる客観的な視点」「金融機関の人間として事業の蓋然性を見極める感覚」の両方を持つことを心がけてきました。

　始めた当初、米国に進出しているとある日系食品メーカー様に、「この取り組みは非常に意義があるし、日本の食品業界へのインパクトも大きいので本当に応援している。一方で、伝え方を少し間違えると、日本の中堅中小企業に米国進出の苦い思い出を作ってしまいかねない。再挑戦のマインドもなくしてしまう可能性もある。投資も相応に必要なので、最悪のケースではその

1　新たな事業がキャッシュフローをすぐに生むことはなく、投資や費用が先行することでアルファベットのJの字のように現預金水準が一時期落ち込む様子。

会社を潰しかねない」といったご意見を頂戴したことがありました。

　その日以来、いただいた言葉を深く心に刻み、銀行員として「客観的かつ長期的な視点で個社のビジョンや成長戦略に寄り添うこと」「一時の挑戦ではなくサステナブルな事業を共に作ること」を心がけて日々取り組んでいます。本書においても同様です。

　少し後ろ向きな話もしてしまいました。確かに、米国市場への参入は簡単ではありません。しかし一方で、**米国はポテンシャル溢れる大きな市場であることもまた事実です。近年米国では、Z世代を中心にアジアンフレーバーへの興味関心が顕著です。特に、韓国や日本の食への興味が強いと言います。このようなトレンドを活かさない手はないでしょう。**

　私たちは日本食や日本の食に関連する文化が米国で広がっている事実を目のあたりにしている一方で、日本食に関わっているのが日本人や日本企業だけではないという事実も認識しています。そのため、**「日本食はアメリカでもっと勝負できるし、アジアだけで勝負するのはもったいない！」**と心から思いますし、いざ進出するなら勝ってもらうためのエッセンスは本書でお伝えします。

　ぜひ、ポテンシャルの高い日本の食文化を皆さんと一緒に、日本人として広げていきたいです。

目 次

はじめに ……………………………………………………………………………… 2
⚫最初はがむしゃらだった／⚫本書で扱う範囲／⚫米国の食品産業への参入が難し
いこれだけの理由／⚫一時の挑戦ではなく、サステナブルな事業を作る

第 **1** 部
食農ビジネスは米国を目指せ

| 第 **1** 章 | 米国へ進出すべきこれだけの理由 | 14 |

⚫縮小を続ける日本市場／⚫ブローカーらとの関係構築は必須／⚫米国のどの地
域に進出すべきか／⚫「寿司」はこうして全米に広まった／⚫海外進出に成功してい
る日本の食農企業／⚫他国企業の米国進出の成功事例／⚫米国で商流を築くため
に必要なこと／⚫ウォークマンのような商品を食品分野で

■すべては愚直な営業から始まった──**米国市場をこじ開ける戦略とマインド** …… 28
　ITO EN (North America) INC.　本庄洋介

| 第 **2** 章 | 米国で400社以上を訪問して分かった「日系企業が失敗する理由」 | 38 |

⚫理由①米国市場はアジアと同じだと考えてしまう／⚫理由②正しい「水先案内人」
を選定していない／⚫理由③経営者や責任者のコミットメントと熱量が足りない／
⚫撤退基準を定めておくのは必須

■プロダクトアウトからマーケットインへ、捨てるべき「こだわり」とは ……………… 44
　JO Capital　大西ジョシュ

| 第 3 章 | 後悔する前に知っておきたい
「商習慣の違い」 | 50 |

●違い①ネットワーキングの重要性／●違い②意思決定のスピードや柔軟性／●違い③インナーサークルに入り込むことの重要性

第 **2** 部
押さえておくべき米国の食農市場の構造

| 第 4 章 | 小売、フードサービス、Eコマース、
戦い方が異なる3つのチャネル | 60 |

●Eコマースのメリットと戦い方／●Eコマースで成功を収めたOmsom／●テクノロジーでフードサービスの課題を解決／●小売とフードサービス、どちらを攻めるか

■**強力な創業物語が可能にするDTCのデジタルマーケティング** ························ 70
Omsom　Kim Pham

■**フードサービスから実店舗、小売へ ── 複数の販売チャネルを攻める** ·········· 80
mochidoki　Claudio LoCascio

| 第 5 章 | 小売店には「ナチュラル系」と
「コンベンショナル系」がある | 86 |

●取得すべき認証は？／●物量が多く低価格志向のコンベンショナル系／●Costcoに代表されるクラブ系／●目指す小売店を決めて、戦略を立てる

■**いまや全売上の9割が米国向け ── 自社セールスから始まった市場開拓** ········ 97
St. Cousair, Inc.　久世直樹

| 第 6 章 | 攻略が限りなく難しい
「ディストリビューター」という存在 | 106 |

●まずは有力な小売店から攻める／●売掛金が回収できない！／●2大ディストリビューター以外の選択肢

■**コモディティ化しない醤油を**── **ニーズを拾い、独自の地位を築く** ·············· 113
San-J International　佐藤隆

■**小売店、ディストリビューターに入り込むための戦い方とは** ······················ 123
Sun Noodle North America　夘木健士郎

| 第 7 章 | 日系企業躍進の鍵を握る
「アウトソースセールス」の存在 | 134 |

●営業力を外注する／●ブローカーとセールスレップの違い／●アウトソースセールスの費用感／●参入のチャンスは原則として年に1回

■**ブローカー、ディストリビューター……各チャネルを攻めるのになぜ必要か** ····· 143
ITO EN(North America)INC.　Rob Smith

■**本物の味を現地で再現するには**──**食品メーカーの支援体制に必要なもの** ···· 146
JPG Resources　Jeff Grogg

■**言語の壁がなくても商習慣の壁が……外国食品メーカーが米国で直面すること** ····· 149
JPG Resources　Kara Rubin

第 3 部
どうすれば米国の消費者の心をつかめるか

| 第 8 章 | 米国市場で勝つための「ブランディング」 | 156 |

●パッケージは米国向けに作り直すべき／●日本人的な発想は捨てる／●「漢字」で

和を表現すべきか

■ マーケティングから価格設定までデータを活用して戦略を立てる ……………172
　1o8 Agency　Steve Gaither

■ まずは1年目の成功を作る──いきなり急拡大を目指す前にすべきこと ……179
　BeyondBrands　Eric Schnell

■ 自分たちの商品の価値は何か？──価値の周りにコンテンツを作る ………185
　Mile 9　Jeff Smaul

第 4 部
米国市場に進出するための手段は何か

第 9 章 ｜ 中小企業にも戦い方はある　190

●Jカーブをどこまで掘れるか／●現地パートナーと連携する

■ 「チョコレート醤油」も即実行──老舗6代目の即答力が道を拓く ……………196
　SHOYU-X FOODS INC　髙田晃太朗

■ 「塩不使用」「縦置きの箱」……乾麺を全米でヒットさせた戦略 ……………………198
　N.H.B Quest　平子（譲治）治彦

第 10 章 ｜ 米国進出の有力な手段としてのM＆A　204

●よくあるM&Aのお悩み／●まずは「なりたい姿」を描く／●買収対象をどう見つける
か／●M&Aしてからが本番／●非日系プレイヤーのM&A傾向

■ 「完全な買収」だけが道ではない──M&Aにおける戦略と、目指すべきこと …213
　Deloitte　Larry Hitchcock

■ 「動いている汽車に乗ろう」──M&Aの成功に必要なこと ……………………………224

Takenaka Partners　竹中征夫

■「知られたくない秘密」を見つける──デューデリジェンスで重要な項目とは … 231
JPG Resources　Eric Stief

第11章 | 食農ビジネスを動かす
プライベートエクイティ・ファンドの存在　234

●広義のPEと狭義のPE／●PEの主要プレイヤーと資金の流れ／●PE傘下の企業
の動きをベンチマークする

■成長余地は？　競争が少ないのは？　PEファンドの投資戦略 …………………… 239
Paine Schwartz Partners　Kevin Schwartz

第12章 | 新興ブランドやスタートアップが
米国に進出するために必要なこと　242

●VCとPEの違い／●アジア系のCPGへの投資がVCのトレンドに

■日本企業の「売り込み力」に表れる日米のプロトコルの違い ……………………… 246
Food Techエバンジェリスト／投資家　外村仁

第 5 部
押さえておくべき食と農のトレンド

第13章 | 脱炭素で注目される
「環境再生型農業」　254

●農地に投資するファンド

第14章 「肉から植物へ」の流れに乗る イノベーティブフード 262

● すべての食品の成長率を上回る

■ 食品市場を変えるイノベーション、そして克服が困難な課題 ················· 265
　AgFunder　Manuel Gonzalez

おわりに ·· 272
● 感謝の言葉

付録1	米国の大手小売業者の概要 ·· 274
付録2	米国食農業界のM&A事例（非日系） ································· 278
付録3	食品業界におけるプライベートエクイティ取引事例（被買収企業別で記載） ···· 285
付録4	CPGスタートアップに投資するVC ··································· 287
付録5	再生農業関連の注目ニュース ·· 289
付録6	州別の農業生産額と支持政党 ·· 292
付録7	イノベーティブフードの分野で調達額の大きいスタートアップ企業 ···· 294

用語集 ·· 296
本書内容に関するお問い合わせについて ··· 298

コラム

米国進出の人材戦略 ·· 57
認証について ··· 91
SNSの活用 ··· 167
データ会社の比較 ··· 168
規制・許認可について ·· 194
Walmartと気候変動 ·· 257
サステナビリティという言葉の意味 ·· 260

第 **1** 部

食農ビジネスは
米国を目指せ

第 **1** 章

米国へ進出すべき
これだけの理由

なぜ、日本の食農分野の企業は米国を目指すべきなのか。

まず、米国は世界最大の単一市場で、ポテンシャルの大きなマーケットです（図1-1、1-2を参照）。

米国にも他国同様、FDA（Food and Drug Administration、米国食品医薬品局）やUSDA（United States Department of Agriculture、米国農務省）などによる規制があります。こうした規制をクリアできると、あらゆる指標で日本の数倍におよぶ大きな単一市場に参入するための前提が整います。人口は3億3,650万人、名目GDPは27兆3,609億ドル、1人あたり名目GDPは8万1,624ドルにのぼります[1,2]。

EUやASEANも、束ねると大きな市場ではありますが、加盟国によって食品規制や貿易上の手続きなどがそれぞれ異なり、それらに合わせる必要があります。一方、米国ではそのような必要がないことが参入の魅力と言えます。

縮小を続ける日本市場

一方で、日本市場はどうでしょうか。日本の国際競争力の低下は、GDPの順位下落からも顕在化しており、一層の少子高齢化からも解決が難しいように見えます。

1　外務省（2024年6月）　https://www.mofa.go.jp/mofaj/area/usa/data.html
2　参考：日本の総人口は1億2,300万人（総務省統計局、2024年3月）、名目GDPは591兆9,000億円、1人あたり名目GDPは453万円（内閣府経済社会研究所、2023年）

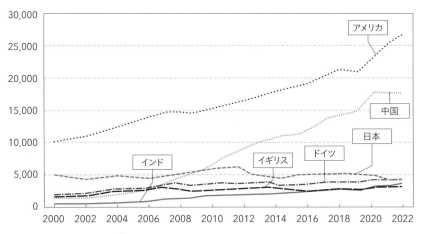

図1-1 名目GDPの推移[3]（単位：10億ドル）

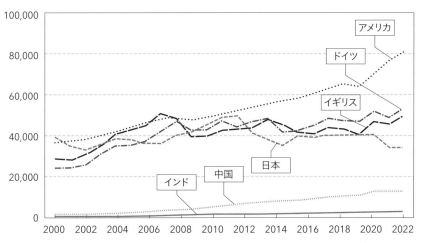

図1-2 1人あたり名目GDPの推移[4]（単位：ドル）

---

3 IMF "World Economic Outlook Databases (October 2023)"
4 図1-1と同じ。

大胆な移民政策などが導入されない限り、日本の人口はこれから自然体で減少していく状況です。図1-3の通り、日本の人口ピラミッドは40代より若い世代が少ない「つぼ型」で、日本全体の胃袋の数が減少していくことは明らかです。つまり、日本市場の縮小は避けて通れません。

　一方、米国は高齢層以外の人口比率がほぼ変わらない「つりがね型」であり、今後も安定した人口構成が維持されることを表しています。

　さらに、図1-4の通り、日本のインフレを考慮した国内消費者物価指数（CPI）は安定している一方で、他国では25年間以上にわたり上昇を続けています。これはつまり、**日本の実質所得が、主要な世界各国と比較すると低下を続けている**ことを表しています。

　これは、国内物価の安定（一時的にはデフレ）に慣れてしまい、インフレが発生しない（させない）各種政策もあり（ここでは詳細まで触れませんが）、日本国民全体がゆでガエルになってしまい、他国との差が開いたからではないでしょうか。

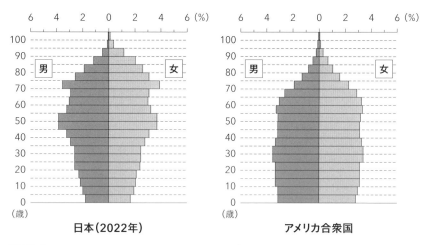

図1-3　「つぼ型」の日本と、「つりがね型」の米国[5]

5　総務省統計局　https://www.stat.go.jp/data/sekai/0116.html

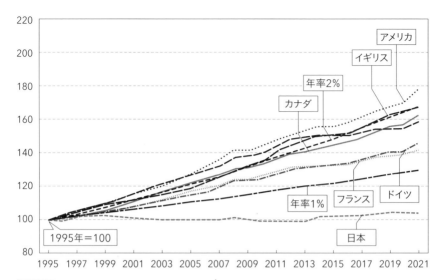

図1-4 各国の消費者物価指数（CPI）の推移[6]

　さて、本題に戻しますと、国内市場については、やはり安定したマザーマーケットとしての重要性は揺るがないのですが、成長を望むのであれば他国市場への参入が必要と考える理由は上述の通りです。

　では、他国市場のうちどこが良いかと言うと、各社の商品やリソース（人・モノ・情報）に応じて、アジア市場が適切であったり、戦略面で欧州市場が良かったり、それぞれ千差万別です。

　本書では、そうした中でも市場規模や規制面などから米国市場が魅力的であること、その一方で市場の攻略には難しさがあること、その攻略には方法論があることをお伝えしたいと思います。

ブローカーらとの関係構築は必須

　米国に進出するとなった場合、国土が広大であるため、それぞれの州や地域で商流や物流を構築するうえで、現地のその分野のブローカーやディストリビューターと関係を構築することは避けられません。

6　厚生労働省「経済指標の国際比較」 https://www.mhlw.go.jp/content/12506000/001062025.pdf

確かに、全米を一気通貫で対応してくれるブローカーやディストリビューターもいますが、初めから彼らと取引を開始できる日系参入企業はほぼないと言っていいでしょう。その理由は、米国で商品を販売・流通させていない企業の商品を、彼らは取り扱わないからです。

　そして、何らかの理由で彼らが販売量などを度外視して取り扱いを検討してくれる場合でも、米国全土に商品を流通させるための物量やコストなどを鑑みると、リスクが高いと私たちは考えます。特に、全米に販売する場合の取扱量は莫大であり、万が一、欠品させてしまった場合のペナルティも非常に大きい。しかも、一度撤退してしまうと再参入には大きな障害となります。

　以上の点からも、**進出する地域などを絞り、小さな成功を着実に積み上げ、オセロゲームのごとく、時間はかかっても米国市場の販路を着実に拡大することで、最終的に大きな成功を手にできる**と考えています（ブローカーやディストリビューターの詳細については、第6〜7章の説明に譲ります）。

米国のどの地域に進出すべきか

　では、広大な米国のどの地域にターゲットを定めれば良いのでしょうか。

　母国や家庭で慣れ親しんだ「味」や「食材」を求め、自宅で料理したりレストランで食べたりするのは自然なことだと思います。皆さんも、海外旅行中に日本食を食べたくなった経験はありませんか？　日本食はなくても、風味がより日本食に近く、コメや麺を利用している中華料理など、アジアの味を求めた経験がある方が多いのではないでしょうか。

　やはり、「食」は文化でもあるため、どの国でも自国の味を求める"保守的"な傾向はあります。よって、アジア系人口が多い地域に進出するのは、戦略として有効だと言えます。

　米国ではアジア系人口が増加しており、アジア食も浸透しつつあるため、まだまだ日本食の浸透余地があると考えています。また、アジア系人口が比較的少ない中西部でも、日本食レストランが開業するなど日本食は着実に浸透しています。

　例えば、テキサス州ダラスでは、トヨタ自動車の米国本社機能がカリフォルニア州から移転してから、日系・アジア系企業の進出が増加しました。税

制や規制が企業にとって有利なことも追い風となりました。それに伴い、日本食レストランやスーパーマーケットが着実に増えています。

同じように、アリゾナ州に台湾のTSMCが、テキサス州に韓国のサムスンが進出したことで、日本食が浸透拡大する素地ができていると思います。

図1-5、1-6の通り、**米国のアジア系人口は依然として西海岸が多いものの、全米に広がりつつあり、今後も人口は増え続ける見通し**です。

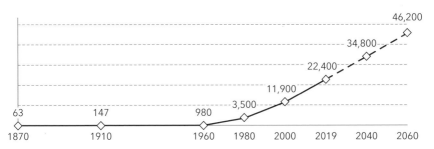

図1-5 米国のアジア系人口は19年でほぼ倍増（単位：1,000人）[7]

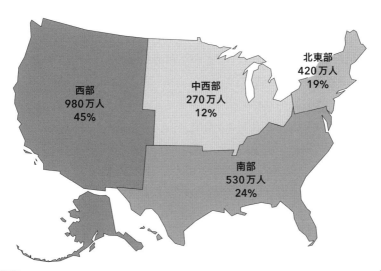

図1-6 アジア系米国人の半数近くは西部に居住（アジア系米国人全体に占める割合、2019年時点）[8]

7　Pew Research Center "Key facts about Asian Americans, a diverse and growing population"
　　https://www.pewresearch.org/short-reads/2021/04/29/key-facts-about-asian-americans/
8　図1-5と同じ。

「食」という“保守的”な文化については、その味に慣れ親しんだ一定の人口がいないと、いくら商流を構築しても商品は売れません。そのため、**「浸透する素地のある地域に商流を構築する」**という原則に従って考えると、こうしたアジア系の人口動態は、日本食が売れる素地が拡大していることを示しています。

「寿司」はこうして全米に広まった

日本食が米国に広まった一例として、「寿司」がどのように定着したか書かせていただきます。

米国では、1960年代から大都市を中心に寿司レストランが生まれていきました。ただ、寿司ネタの販売や物流などが、全米を貫いてはでき上がっていませんでした。というのも、全米で大きく普及していなかったためコールドチェーン（低温物流）がなく、運ぶ人もいなかったからです。

それが1980年代に入り、米国で寿司が大きく拡大していきました。その理由は当時、日系企業の米国への急激な進出に伴う、日系駐在員の増加とアジア系人口の増加にあります。日系企業の進出地域やアジア系人口の多いカリフォルニア州などから、じわりじわりと西海岸全域とニューヨーク近郊に拡大していったと考えられます。

その頃から、日系の商社やディストリビューターが商流を構築し、現在ではどこでも寿司を食べられるようになっています。これは、米国で商流を作り上げるうえでの強い熱意、そして努力や苦労があったものと容易に想像できます。

現代では考えられないほど情報が限られ、米国商流へ日本人が参入することに対する米国側の抵抗があった当時においては、並々ならぬご苦労があったと推察できます。

ただ一方で、「寿司」＝「日本」なのでしょうか？　**米国の寿司レストランの実に80％以上は、日本人（日本資本）以外が経営**しており、特に中国系や韓国系のオーナーが多いのが現状です。

具体的には、大手リテールチェーンに店舗を構えている Hana Group の

Genji Sushi[9]、お任せ寿司などを出す寿司レストランチェーンのSUGARFISH[10]、大手寿司チェーンのKoko Sushi などは、米国などの外国資本です。

まさにアジア系への浸透が図られ、その人口が増加していることで、より一層「寿司」が浸透している一例です。米国のお隣のカナダ（特にバンクバーやトロント）でも中国系の人口が増えており、同様に日本食の拡大が続いています。

海外進出に成功している日本の食農企業

では、どんな日系企業が海外進出に成功しているのか、各社のIR資料から紐解いてみましょう。

まずは、日本食に欠かすことのできない「醤油」を代表するキッコーマン株式会社です。

同社の海外進出の歴史は古く、戦後すぐに北米への輸出を開始し、1957年に米国に販売会社を設立したことに始まります。そして、最新のIR資料では売上の77％、事業利益の89％が海外によるもので[11]、多国籍企業として米国での日本食の浸透に大きな影響を与えたと言えるでしょう。

参考までに、トヨタ自動車株式会社の販売台数（2023年度）を見ると、その海外比率は78.9％（連結販売台数）です[12]。

単純比較はできませんが、日本を代表する多国籍企業であるトヨタ自動車の海外比率に匹敵するほどであり、キッコーマンは食農企業として日本を代表する多国籍企業だと言えます。

次は、味の素株式会社です。その海外進出は1910年からアジアを中心に始まりました。現在では世界26地域に進出し、現地の食文化やライフスタイルにマッチするような商品開発とマーケティングで、2024年度IR資料では売上および事業利益ともに60％程度の海外比率になっています[13]。

9　https://genjiweb.com/en/about-us/
10　https://sugarfishsushi.com/
11　キッコーマンHP「海外における事業展開」　https://www.kikkoman.com/jp/ir/lib/oversea.html
12　トヨタ自動車HP「2024年3月期決算説明資料」
　　https://global.toyota/pages/global_toyota/ir/financial-results/2024_4q_presentation_jp.pdf
13　味の素HP（企業・IR）　https://www.ajinomoto.co.jp/company/jp/ir/financial/ifrs_segment.html

そして、寿司文化には欠かすことのできない「お酢」を代表するミツカングループの海外進出は、1981年に米国の大手食酢メーカーを買収したことから始まります。そこから40年で、海外事業の売上比率が60％まで拡大しています[14]。

　米国での健康食「豆腐」の代表企業であるハウス食品株式会社の海外進出は、1981年に米国進出し、1983年に豆腐事業を開始したことに始まります。その後、アジアへの進出も加速して、2024年度の海外売上比率は23.8％になっています[15]。

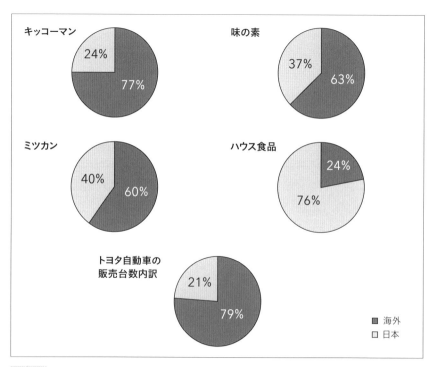

図1-7　日系食農企業の海外売上高比率

14　ミツカンHP「2023年度ミツカングループ決算概要について」
　　https://www.mizkan.co.jp/company/news/detail/240603-90.html
15　ハウス食品HP「数字で見るハウス食品グループ」
　　https://housefoods-group.com/company/numbers.html

以上の通り、日本の食農企業による海外進出の歴史は古く、日本食の海外での認知拡大と浸透を背景に、1980年代から海外事業が拡大していった状況は、前述した寿司文化の米国での拡大時期とリンクしています。日本人駐在の海外進出、米国でのアジア系人口増加など、「商品が浸透する素地のある地域に商流を構築する」という原則に従った海外進出だったと言えます。

これから海外進出、とりわけ米国への進出を検討している企業にとって、過去に各社がどのような戦略で海外事業を拡大していったのかは大いに参考になるでしょう。

他国企業の米国進出の成功事例

では、他国の企業はどのように米国進出を果たしているのでしょうか。ここでは、特徴的な取り組みのほんの一例を紹介します。

イタリアやフランス、オーストラリア、韓国などの企業も、積極的に米国進出を目指しています。それぞれ、日本で言うJETROに相当する自国の公的機関の支援によるプロモーション活動などを積極的に行い、米国内の自国企業ネットワークと米系企業と連携して、販路を拡大しようとしているのは日本企業と同様です。

1. イタリア食材の例

米国でイタリア食材の情報発信や販売をしている、EATALY[16] は、おしゃれな販売店を全米9都市に展開しています（写真参照）。イタリアが誇る食文化の紹介と美味しい食材の販売、店舗でのイベントやEC販売を通じて、イタリア産品の振興を図っています。

そもそも、イタリアン（ピザ含む）は全米で最も浸透している外国料理であり、どのスーパーでもイタリア産のパスタやソース、その他食材は日常的に手に入ります。もはやプロモーションする必要がないような気もしますが、流行に敏感な富裕層や食通の探求心を満たすため、米国のマーケットを意識した商品のプロモーションが日常的に行われています。

---

16 https://www.eataly.com/us_en

2. フランス産ワインの例

　フランスは、官民一体となってフランス産ワインを推進しています。私たちが所属している農林中央金庫と同様、農林水産業を母体としているフランスの金融機関であるCrédit Agricole（クレディ・アグリコル）[17]は、ワイン部門が一気通貫でワイナリーの支援や投資からフランス産ワインの生産や販売まで後押ししています。ブドウ農家やワイナリーの金融面などの支援から、輸出販路拡大のためのプロモーション、販路構築まで担う存在です。自社のグループ会社CA Grands Crus（CAグランクリュ）[18]にて、ワイナリーを数件所有しています。

17　https://www.credit-agricole.com/en/
18　https://cagrandscrus.fr/en/

ここでは、上記2カ国の話を少しだけ取り上げましたが、**どちらも食文化が豊かであることが共通していますし、官（州政府や地元行政含む）と民が連携しながら、自国の特徴的な食材を米国市場に浸透拡大することを目指しています**。その結果、日常使いのスーパーマーケットの陳列棚にそれらの商品が多く並んで、実際に売れています。

私たち日本にも豊かな食文化があり、米国で認知されている特徴ある食材（水産品や和牛、日本酒など）が多くあります。この点は、イタリアやフランス同様のアプローチをとることができ、レストランなどのフードサービス業界およびスーパーマーケットの販路において、一層の浸透が図れる可能性を示していると私たちは考えます。

米国で商流を築くために必要なこと

では、米国で商流を築くには、具体的にどのような活動をしていけば良いのでしょうか。ここで**参考になるのが、現地の中小企業や食品スタートアップ**です。

その活動を見れば、日本企業が国内で行っている活動と大きく異なるということをご理解いただけるでしょう。米国進出を目指す日本の食品メーカー＝食品スタートアップと捉えると、理解が深まるかもしれません。

一般的に、米国で商流を構築するには、かなりのお金と時間を要します。これは、米国企業を含めてすべての企業共通の課題です。

一方で、**米国のマーケットでは、商品への「こだわり」や「エグジット」に関する考え方が日本とは大きく違います**。

例えば、米国では製造設備を持たない中小企業が多くあります。食品スタートアップの多くは、製造設備を持たず、自分たちのアイデアを形にしています。では、どのように自社の商品を製造し、市場へ流通させているのでしょうか。

そのような企業やスタートアップは、"適切な"戦略パートナーを選び、自らの商品を米国のマーケットに流通させ、ターゲットとなる消費者へ届けています。**戦略パートナーというのは、商品の製造を請け負うOEM生産先、そして販売サポートを行うセールスレップ**（Sales Representative、あえて日本語訳する

と営業代理人）です。

この点は、日本企業でも参考になりますし、米国の各種規制に対応するうえでも、検討に値するのではないでしょうか。

特に、米国のFDAなどの食品規制に対応するためには、商品の原材料を変える必要があるケースも多いです。自社の商品を米国規制に則した原料で製造するために、米国企業にOEM生産を担ってもらうことも、価値のある進出形態ではないかと思います。

販売も、実績があり信頼できるセールスレップなどを活用することで、進出のための初期コストなどのハードルが下がると考えます。その後、自社商品の売れ行きなどを見たうえで、自社の製造拠点やセールスチームを設置するなど、本格的な進出を検討していくこともできます。

当然、初めから設備投資をして製造拠点を構えることもできますが、上記のような進出形態なら、選択肢としてそこまでハードルは高くありません。

また、**米国企業を買収するという進出形態**もあります。特に、米国はM&A大国です。自社が進出して規模拡大するのにふさわしい小規模なM&A案件も豊富にあるので、必ずしも初めから自前で一から立ち上げる必要はありません。

自社の進出目的や目指す姿、体力などに照らし合わせて、柔軟に様々な選択肢を検討することができるでしょう。

以上のように考えると、米国進出のハードルが少しだけ低くなったように感じられるのではないでしょうか。**ただし、実績のある"適切な"戦略パートナー選びが大切なことはお忘れなく。**

時々、米国は食品基準が厳しいので、日本基準で商品を輸出できるアジア市場にフォーカスしているという話を耳にします。当然、それは否定しませんし、アジア市場に大きなチャンスがあることも事実です。

一方で、**食品基準が厳しい米国に自社商品がフィットできるということは、発想を変えると、世界中のどの市場にも出せる可能性があるということになります**（各国の基準をよくよく確認する必要はありますが）。

特にアジア諸国は、米国の食品基準を参考に、自国の食品基準を強化することがあるので、そうなった時、米国基準で自社商品を製造できることは強みになるでしょう。

ウォークマンのような商品を食品分野で

　これまで様々なことについて語ってきましたが、メッセージは1つです。市場が巨大でチャレンジに寛容である米国への進出方法は、多数あります。だからこそ、市場規模が縮小する日本に固執せず、柔軟に考えて、米国市場への進出を検討することをおすすめしたいのです。

　日本は江戸時代の開国以降、戦中や戦後などの国の危機に対し、柔軟に適応し、チャレンジしてきました。その精神が、私たち日本人のDNAに刻まれているはずです。ポジティブな将来が思い描きにくくなるようなニュースやデータが報じられていますが、先人たちの精神を思い出し、米国市場に日系食農企業が進出し、ソニーのウォークマンのような商品を食品分野で生み出すことを、心から願っています。

　少しだけ個人的な話になりますが、私たちの小～中学時代はバブル真っ盛りの1980～90年代にあたり、良い意味で"ぎらついた"紳士や淑女が多かったように思います。その後、日本は「失われた20～30年」と言われる時代を経験してきましたが、このあたりで眠りから覚めたいものです。

　良い意味で"ぎらつき"ながら、ネットワークとインテリジェンスを武器に、当時の半導体や家電ではなく食品で、米国市場で大暴れしようではありませんか。

すべては愚直な営業から始まった──
米国市場をこじ開ける戦略とマインド

1980年に米国へ初進出した大手飲料メーカーの伊藤園。自分たちのトラックで商品を配送するところから始め、いまやCostcoで「お〜いお茶」が販売されているほど。これまでの道のりに必要だったことについて聞きました。

本庄洋介　Yosuke Jay Oceanbright Honjo
President & CEO　ITO EN (North America) INC.
1992年株式会社伊藤園入社、現在は取締役兼執行役員。Mason Vitamins, INC、Distant Lands Trading Co.などのCEOも務める。内閣府承認財団法人 本庄国際奨学財団から日系人会、米国日本人医師会、コロンビア大学などに支援を行い、日系人のネットワーク構築に貢献している。

　伊藤園が米国に初進出したのは、1980年の終わりにハワイのShimoko and Sons (S&S) という会社を買収した時でした。
　バブルの頃だったので、ハワイブームで多くの企業はゴルフ場やレストランを買収していましたが、弊社は本業で進出していく方針でした。S&Sは、アロハメイドのトロピカルジュースや、ハワイのローカルフードであるサイミンという麺製品もやっている会社でした。
　麺製品については、伊藤園の事業と関係がなかったのでサンヌードルさんに売却して、ドリンク事業に特化。製造ラインを追加して「お〜いお茶」を売り始めました。これが最初です。
　ニューヨークに拠点を置いたのは2000年で、「今後のIR (Investor Relations) のために、ニューヨークに何か拠点を置いておくべきだろう」という話が浮上したため、ゼロスタートで立ち上げました。
　立ち上げ当初は、本社から「どんな市場なのか自分の肌で感じなさい。3〜4年したら、会社設立も少しずつ検討していこう」と言われていました。
　1年間リサーチした段階で、いわゆる自然食ブームが起きていて、いい風が吹いていると感じました。「競合が増える前にファーストインした方が良いのではないか」と考えて、立ち上げから1年後の2001年にITO EN (North

America）を設立し、一気にスタートしました。

自社配送から始まった

　ハワイでは、キャッシュ・オン・デリバリー（COD）と言って、自分たちのトラックで自社流通をしていました。つまり「ディストリビューターなし」だったので、日本本社も理解しやすかったのです。

　一方で、米国の本土となると、とても自社で配送ができない広さです。我々もディストリビューターに取り扱ってもらうようお願いしに行くのですが、最初はとりあってくれない。

　そこで最初は、「ニューヨークの5区（マンハッタン、ブロンクス、クイーンズ、ブルックリン、スタテンアイランド）でキャッシュ・オン・デリバリー」か「日系商社と連携して配送してもらう」、この2択でした。

　ニューヨークの5区では、しらみ潰しにローリング作戦で営業していきました。その時点で3,000件以上のアカウントについて、どこの住所に何があって誰が入っているかというリストを作り、すべて回りました。

　1カ月、2カ月、3カ月と続けていくと、リオーダー（再注文）の回数が少しずつ増えてきました。そのデータを集め（3,000件のうち、積極的に動いたのは1,500～1,800件ぐらい）、チームの中で競い合いながら攻めていきました。しかしながら、大雑把に言うと毎年2割はお客さんがなくなるので、新規を取り続けなくてはいけなかった。

　それでも、「2割がなくなっても3割取れば伸びていく」というマインドで続け、突破口を見出していったというのが2001年から2003年の最初のターニングポイントでした。

　我々は、現地でのリサーチを1年間行ってからスタートしたので、リテーラーの業界構造やプレイヤーについては100%分かっていました。

　事業が拡大していくと、少しずつターゲットのリテーラーも絞られてくるので、特定のリテーラーに入るためにそこにネットワークを持っている人を採用したり、その人がおすすめするディストリビューターやブローカーを使ったりしました。例えば「Costco（コストコ）にネットワークを持っているか」といった点で採用するなどです。

29

AppleやGoogleで営業活動

　米国に進出するのであれば、やっぱり一番強そうなシリコンバレーの企業で「お～いお茶」を飲んでもらおうという気持ちがもともとありました。そこで、**AppleやGoogleの本社に行って、カフェテリアに直接営業しました。**

　しかし最初は、「お前らのディストリビューターは誰だ」などと言われてしまい、中に入れなかった。そこで、まずはサンプリングをしようということで、たくさん飲んでもらって、社員の人たちから「このドリンク、美味しいからカフェテリアに置いてよ」と言ってもらう作戦をとりました。

　そのような取り組みを通じて、少しずつディストリビューターとも仲良くなっていき、徐々に入り込んでいきました。

　そこからは弊社が一番得意なところで、「既存のメーカーをどかしてでも売る」という、キャッシュ・オン・デリバリーで培った力技でどんどん攻めました。1社、2社と入ると、そこからのつながりで紹介してもらってディストリビューターと連携してシリコンバレー企業に入っていく。そういった形で伸びていきました。

　例えば、信号機にたとえて「コーラは赤だからSTOP、お茶は緑だからGO」みたいなキャンペーンもやりました。

　シリコンバレーの本拠地に入り込むと、ニューヨークやボストンなど全米の各拠点にもどんどん入ることができます。社員が「お～いお茶」を飲んでいるシーンを我々が目ざとく見つけて写真に撮り、「こんなところにも入ってるよ」と言うと、リテーラーさんからも声がかかりやすくなる。そんな良い流れを作ることができました。

　しかしながら、新型コロナウイルスのパンデミックにより在宅勤務が浸透し、一度、サンプリングが完全にできなくなってしまいました。

　パンデミックの前は、GoogleやAppleの本社（キャンパスと呼ばれる）では24時間食事ができ、そこで社員みんなが生活していた。まさに"キャンパス"だったので、サンプリングの意味がありました。

　アフターコロナになり、ようやくサンプリングが再開できました。シリコンバレー界隈の業界は、週2～3日は出勤がマストとなり、働き方が変わってきたので、さらなる工夫が必要です。

まずは日系やアジア系へ

　よく日本の方は、「アメリカに行ったらアメリカ人に売れ」とおっしゃいます。でも、米国はご存じの通り移民の国ですから、日系アメリカ人や〇〇系アメリカ人など、様々なバックグラウンドの人がいます。**まずは日系やアジア系に飲んでもらうために、日系のディストリビューターとガッチリ連携することが大切**だと思います。

　そこで伊藤園は、人口統計などを調べて、アジア人が多いところにどんどん商品を持っていきました。それすらできないのであれば、米系に売り込もうとしても難しい。それができて初めて、「日系・アジア系で売れているから、一般的なアメリカ人も飲んでみてよ」と言えるのです。

　伊藤園には、茶葉やティーバッグの商品ラインナップもあります。だから当然ながら、**寿司やラーメンの新規出店の際にはすぐに飛んでいって、「置いてください」と売り込む営業**はやっています。

　また、各種イベント、例えばニューヨークであればJapan Day（日本の文化や食をニューヨーカーに紹介するイベント）などで商品をたくさん配ったりしました。Japan Dayが始まった頃は私も実行委員だったので、5万本くらい配りました。「1万本で」と言われたのに5万本も配ったため、ケースで持って帰る人もいて、持ち帰ったお茶を横で売っている人もいました（笑）。そのぐらい、「ちまちまやるな、ガンガンいくぞ」ということで、全米で配りまくりました。

　やっぱり飲んでもらわないと始まらない。配っても反応が薄いエリアは、「もう少ししてからまたトライしよう」と考え、**配った結果売れているところは、そのエリアのスーパーに売り込みに行きました。**

世界どこでもやることは同じ

　この考え方自体は、日本の伊藤園がゼロスタートした時からあるものです。東京から始めて、弊社のキャッシュ・オン・デリバリーのトラック部隊が、トラックを1人1台持たされて各エリアを任され、どんどん営業していきました。

　全世界のどこに行っても、同じことをやっています。自分で汗水たらさず

にディストリビューター任せで、「弊社はここでやりますから、あとはよろしく、必要だったら言ってください」というやり方だと、絶対にうまくいきません。

我々はよく「レイヤーで営業する」という言い方をしますが、**お客様の会社の社長から担当バイヤーまで全階層に、愚直に会いに行きます。**私は社長なので相手の社長や副社長に、担当者レベルは担当者に、ルーティンで年4回は必ず会うという形です。

日本から来た我々のようなたたき上げは、そういった営業スタイルで必ず定点観測をしていきます。「売れないもの（馴染みのないもの）でも、売れていかざるを得ないというぐらいのところまで持っていかなきゃダメだ」と。

米国にいる日系メーカーの社長に「本庄さんはいつも本社にいないけど、どこに行っているんですか？」とよく聞かれますが、それが伊藤園という会社の社風で、日本の大手飲料メーカーの社長の多くはこういう営業はしていないと思います。

日本の伊藤園は、何の後ろ盾もなく父親がゼロスタートした会社です。人と人とのネットワークは、「一回つかんだらもう絶対離さない」というぐらいずっと持っているものです。

もちろん、会社が買収されたり外部環境が変わったりする中で、新しい考え方はどんどん入ります。でも、日本では「消防署か伊藤園」というたとえがあるくらい地元に密着して、「何かあったら伊藤園に聞いてください」という勢いでやっています。

どの地域を攻めるか

先ほど述べた通り、まずは日系やアジア系が多い地域を攻めるとなると、西海岸のカリフォルニア州はサンフランシスコとロサンゼルスがメインで、東海岸はニューヨーク周辺の次はボストン周辺になります。

ボストン周辺は日本人も結構いますが、日系・アジア系の小売店舗が当時少なく、期待値には達しなかった。昔からある日系の小売店舗でしかアジアの食材が買えない時代でした。

今となっては、AmazonやCostco、Sam's Club（サムズ・クラブ）など、どこ

でもアジアの食材が買えるし、彼らは弊社よりも緻密に人口統計を研究して出店戦略を立てています。

Costcoでは、「お〜いお茶」の12本入りケースを売っていますが、アジア系が多いエリアの店舗に入れています。もちろんバイヤーと仲良くなって入れてもらうのですが、「週販がこのぐらいの数に達しなかったら（契約を）切るからね」と言われ、実際に何回も切られました。

もちろん、切られたバイヤーとも定期的に会い、必ずコミュニケーションして、「そろそろやらせてよ」といった提案ができるまで何度でもアプローチします。

啓蒙のためのレストラン事業

米国に来た当初、本社からは「10億円で生きていけ」と言われました。1年目のリサーチの時に、米国でCMをたくさんする際の費用を調べたところ、年間150億円かかると分かり、「10億円じゃ全く足りない……」となりました。

そこで本社に、「いくらまで使ってもよろしいのですか」と聞くと、「30億円くらいまでなら」と。結局、CMには全然足りないので、10億円を使い切ってもうまく宣伝する方法はないかと考えた末、レストラン事業をやることになりました。

ざっくりとした計算ですが、最高のロケーションで年間賃料が1億円で、1年間1億円×10年です。そのうえでプラス20億円を突っ込んでくれるので、「それで何とかしよう」という発想でした。

そういうわけで、2001年から10年間、マンハッタンでレストラン事業をやりました。これもターニングポイントの1つです。**レストラン事業を通じて、「食とお茶がどのように合うのか」ということを分かってもらうために取り組みました。**

今では高級レストランで数百ドルの「おまかせ」コースはよく見ますが、これを初めて全米でやったのはノブさん（松久信幸さん、レストラン「松久」オーナー）と弊社です。当時いろいろな方に、「お前らよくやるね。ニューヨークで300〜500ドルのおまかせで、寿司はないの？」と聞かれ、「ちゃんとした

お茶に合う懐石を出します」と言ってやりました。

　場所は、マンハッタンの中でも一等地の69丁目のマディソンアベニューですから、たくさんの人が来てくれました。「アジア食レストランはどこに出しても儲からないよ」とみんなから言われ、実際儲かりはしなかったんですが、**口コミで広まり、伊藤園を「超ハイエンドなお茶を売る会社」として知ってもらうことができました。**

　ここから「TEAS' TEA（伊藤園の北米発ブランド）」や「お〜いお茶」をリンクさせて売っていったというのが当時の動きです。ただ、最終的にレストラン事業は赤字でした。

　ブランディングが定着してレストランをやめたのが、1つのターニングポイントでした。やめた瞬間に賃料などを払わなくてよくなり、キャッシュフローが非常に良化した。ここで一気にドリンク事業に特化するという舵を切ることができました。

　その後、事業を多角化していく方針で、Mason（ビタミンサプリメント製造・販売事業）やDLTC（コーヒー豆生産・販売事業）を買収していきました。買収した企業の優秀な人材をどんどん味方にして、北米事業全体が大きくなっていきました。

Foreverな関係を作る

　今、弊社はお茶をメインに売っていますが、「お茶じゃなくても、伊藤園という会社を分かってもらって、いろんな形で良さを感じてくれるお客様と、"あなたとは生涯つき合うんだ"というForeverな関係を作る」ことを日々考えています。

　アメリカという国では、ゼロからスタートした創業者は、事業が軌道に乗ると5年くらいで大手に売却することが多い。

　かつて、お茶の会社ではSeth Goldmanが立ち上げてコカ・コーラに買収されたHonest Teaや、スターバックスに買収されたTazoやTeavanaがありました（Tazoはその後、ユニリーバが買収）。当時はオーナーたち同士が仲良しで「みんなでお茶業界を盛り上げよう」と話していたのに、みんな身売りしてしまいました。

私も国籍を変えてアメリカ人になり、「アメリカ人と一緒にお茶を広めていこう」としていますが、あの時の仲間で今でも伊藤園だけが残っているのは「性根が違う」からだと思います。

こちらに20数年間いる我々に、日本の創業社長から「2代目、3代目を派遣するから鍛えてくれ」といった話が、これまでたくさんありました。

お会いしてみて、「性根」を持っていない人はすぐに分かります。その中で私と同じような感覚でやっているのは、今まで3人しかいない。1人がサンヌードルの奴木健士郎くん（第6章のインタビューに登場）、もう1人がサンクゼールの久世直樹くん（第5章のインタビューに登場）、さらにSan-Jの佐藤隆くん（第6章のインタビューに登場）です。

特に久世くんは次男坊で、私と同じような立場でした。パンデミック中、毎月2人で「先が見えない中どうしようか」「米国にもっと深く入り込んでやるためにどうするか」という話をZoomでたくさんしました。

結果、彼らが愚直にそれをやったから、ものすごく伸びているんだと思います。これまで同じように何人か話をしてきましたが、やっぱり愚直に実行できなかった人は日本に帰ってしまうことが多かった。

最近でも、米国撤退を決めた会社がありました。私からすると、もう少し本社に理解があれば、もう少し資金を突っ込んでくれたら……という感じがします。

20数年前に私がアメリカへ来た時の方が、まだすごくラフで、「アメリカに行ってこい！」みたいな雰囲気もありました。しかし今、米国市場参入のハードルが当時とは違うと思います。だから、しっかりと計画を練ってくるというのは大前提。その先には、撤退も成功もある。

そして本格参入すると決めたなら、長い目で、しっかり日本からサポートする体制をとる必要があると思います。

米国進出に必要な人材

米国進出のプロジェクトが大きければ大きいほど、将来も重要になっていくわけだから、それに見合う人をリーダーに据えてほしいと思います。

例えば大手商社は、専務・常務クラスが日本から派遣されていると思いま

すが、それと同じイメージです。かつ、**2、3年で帰らずに最低でも6〜8年ぐらいの赴任が必要でしょう。**

　3年1期とするか、2年1期とするかというのはありますが、例えば1期3年×2期で6年、1期4年×2期で8年などのスパンであれば流れも見えるし、2期目に思い切り自分の施策ができる。

　それができる人、つまり**日本ときちんとコミュニケーションがとれて、権力がしっかりと受け継がれている人**が良いと思います。

　究極的には「胆力」だと思います。日本では想定できない、とんでもないことが起こります。最近であれば、ロジスティクスの問題やウクライナ戦争など、「ちょっとこれやばいぞ」というものが結構あります。私も、2001年の9.11同時多発テロや2008年のリーマン・ショックなどを経験し、驚かされました。

　従業員はどうしても慌てふためいてしまうので、笑いながら「大丈夫だ、命までとられないんだからさ」などと言って、みんなを落ち着かせました。そう言えるトップがいれば、従業員の皆さんもそこまでは萎縮しないで済みます。

　9.11の時、私たちのレストラン事業に関する提出書類は世界貿易センタービルにあったので、ビルごと吹っ飛んでしまいました。同年11月にオープンを目指していたのですが、やり直しになり、6カ月後、翌年の3、4月ぐらいにオープンしました。

　弊社の従業員も、現場の5ブロック先にいたので、「巻き込まれたのでは……」と思いましたが、みんな無事でした。

　日本の企業の多くが本社から、「もう撤退しろ」と言われました。その中で、いち早く我々は「絶対撤退しない」ということを従業員に表明しました。「みんなでここで生き残ろう。このコミュニティを盛り上げよう」ということで、**倉庫にあった在庫を配りました。日本からもドリンクをどんどん送るよう手配し、売るのではなく配り、ボランティアのみんなに飲んでもらうことでコミュニティとして一緒に乗り切ろうとしました。**

　一番辛かったのは、「さあ、ここから売上を作るぞ」という時に在庫がなかったこと。でも、そういう時は気持ちを切り替えて、よく寝て、よく食べ、よく笑うしかない。本当にどうしようもない時は諦めるしかない。

日米の面白さを混ぜていく

　5年後、10年後の将来像として、我々はやはりIPOをしたいと考えます。同時にやはり1、2社は買収しておきたいと思います。そのためにしっかり足腰を固めていきます。

　進出当初に売ろうと思っていた「お〜いお茶」は、消費者がパッケージの漢字を読めなくてあまりうまくいかず、「TEAS' TEA」ブランドを開発し商品を拡充していき、ようやく今メインの「お〜いお茶」も売れ始めてきたという状況です。これが今後5年、10年と続いてくれればいいし、続かなかったらまた新商品を出していこうと思います。

　日本とアメリカ各地の面白いエッセンスを混ぜて、今後も残る素晴らしいものを届けていきたいし、「伊藤園が作ったから美味しいので飲んでくれよ」と言えるような商品を作っていきたい。そう思います。

第 **2** 章

米国で400社以上を 訪問して分かった 「日系企業が失敗する理由」

米国市場で戦うために必要なのは、**「あとにも先にもネットワーク」**！　第3章でも話に出てきますが、**"It's not what you know, but who you know."**（「何」を知っているかよりも、「誰」を知っているかが重要です）という言葉が、米国では業界を問わずによく出ます。業界関係者（インナーサークル）での個人の評判や紹介が、何よりも優先される。まさに、個人のネットワークが組織に勝るということです。

日本企業からすると違和感があるかもしれません。組織としての仕事が、従業員個人の知識やネットワークに依存するわけです。今までの組織での仕事の進め方、特にその従業員の退職リスクなども考えると、なかなか受け入れにくいでしょう。しかし、これが現実なのです。

これを理解せずに米国に参入してしまうと、意思決定が遅い、人が頻繁に変わる（日本企業で人事異動が多い現状ではやむを得ないですが）、それによって再び一から信頼を構築する必要が生じる、といった様々な障害に直面してどうにもなりません。

組織名と名刺が武器になり、終身雇用を前提とした日本の市場とは180度違うと思っていただくといいでしょう。

これまで米国市場の魅力をお伝えしてきましたが、失敗して撤退した日系企業も多いし、失敗を乗り越えて大きく事業を拡大している企業もたくさんあります。ここでは、米国市場にアジャストできず失敗することがないように、米国に進出している日系企業、米系企業、米国の大学や研究機関、ファンドなど400社以上の方々を私たちが訪問し面談して見えてきた、「日系企業が失敗する理由」を3つのポイントに分けて紹介させていただきます。

理由①米国市場はアジアと同じだと考えてしまう

　まず、自社商品が、ひと目でどのような商品なのか分かるものでない限り、見た目をアジャストする程度では販路は確保できません。

　もちろん、皆さんが取り扱っている商品に「こだわり」と「誇り」を持つことが非常に重要だというのは前提の話としてあります。ただ、**米系のメインストリームへの販路確保を目指すうえで、「こだわり」が問題となるケースがあります。**

　例えば、パッケージに漢字を使い、「こだわり」を前面に出すと、消費者は棚にある商品がどんなものか分からず、購買につながらない。そんな失敗例が多いのです（「味」にこだわりすぎることの注意点については、本章末のJosh Onishi氏のインタビューをご参照ください）。

　多民族国家である米国では、原材料にどのようなものが使われているのかが分かるような認証（遺伝子組み換え食品の不使用〔Non-GMO〕、イスラム教のハラル、ユダヤ教のコーシャ〔Kosher〕など）を前面に出すマーケティングもあるほどです。パッケージデザインは、消費者の購買行動につなげるうえではとても大切です。ここで言いたいのは、**市場に合わせて、しなやかにこだわりを変化させることが重要**だということです。

　日系・アジア系の米国市場を目指す場合は、日本やアジア市場と同様のパッケージでも問題ないケースが多いのですが、メインストリームの米系を目指す場合は全く違うと考えていただいた方がいい。日系・アジア系の米国市場で培った知見・リソースで、メインストリームへ挑戦しようとすると、失敗につながる可能性が高いと言えます。

　詳しくは第8章で述べますが、米国の企業と戦ううえでの市場のルールや米国企業のマインドは、日本とは大きく異なります。そして、この違いに対応するため、「こだわり」を柔軟に変化させる必要があるわけです。

　例えば、自社と同じような商品を新たに作り、市場にローンチしようとしている米国のスタートアップがあるとします。彼らは、5年目に当該事業を同業他社などに売却し、エグジットしたいと考えているとしましょう。

　そうした場合、彼らは戦略として、3年目までマーケティングと販売に費用を集中投下して、販売先を急拡大します。当然、パッケージもマーケット

受けしそうなものになります（よく言われる「マーケットイン」の発想です）。

　この時点では、単年度赤字で累積損失も解消されていません（いわゆるJカーブを深く掘っている状態です）。そして、4年目以降で単年度黒字を達成し、販売先と単年度黒字を増やして企業価値を大きく高め、エグジット（他社への売却など）します。

　この例のようにはうまくいかないケースも多いですが、とにかく米国市場の戦い方のルールは日本とは大きく異なります。そのため、**プロダクトアウト的な発想で「こだわり」すぎると、失敗につながる可能性がある**わけです。

理由②正しい「水先案内人」を選定していない

　未知の新たな市場へ参入する場合は、現地での水先案内人を確保することが必要でしょう。この水先案内人たるパートナーの選定が重要なのは、言うまでもありません。

　先ほどからお伝えしている通り、米国市場は巨大でチャンスも大きいのですが、失敗した場合の損失を含めたリスクも大きいというのも事実です。

　そのため私たちは、読者の皆さんに聞き心地の良いことだけではなく、どのようなリスクがあるのかを正直に、ストレートにお伝えしようと思います。

　米国で多くの方にお話を伺う中で、パートナーの選定が重要だということを繰り返し耳にしました。米国には、日本語で対応してもらえる多くの日系の進出コンサルタントがいます。私たちが接触しているコンサルタントの大多数は、非常に有能で皆さんのお役に立つと確信していますが、中には熱意や能力に欠け、米国進出に伴い誤った判断をさせてしまうような怪しい方が、残念ながらいるのも事実です。

　そのため、夢や思いを語るだけではなく、米国進出によって目指す「あるべき姿」を定め、大雑把でもいいので事業計画を策定し、そのコンサルタントと話してみてください。

　聞き心地の良いことばかり言う方には注意が必要です。初めから、どのようなリスクがあるのか、業界構造や販路別のアドバイスなど含めて説明してもらえたら、第一関門突破です。

　同時に、皆さんの商品やその販売する市場の専門性を持ち合わせている

か、その方の過去の仕事や略歴で確認してください。そして、すぐに契約するのではなく、他のコンサルタントや同業などの相談できる方に、そのコンサルタントの評判を聞くことも大切です。

理由③経営者や責任者のコミットメントと熱量が足りない

　経営者や責任者のコミットメントというのは、言い換えると、人・モノ・金というリソースを十分に投下するという決意です。そして、命を懸けて米国での事業を成功に導くという熱量と覚悟です。

　残念なことに、米国展開に対してしっかりとした事業計画を立てていない、経営者や責任者のコミットが足りない、現地の人任せ、十分な兵站（リソース）がない、という状態で進出しているケースを散見します。

　こういうケースの場合、残念ですが、大きな成果を出せずに数年のうちに兵站を使い果たして撤退することが多いです。

　第1章のインタビューにも登場したITO EN（North America）の本庄洋介社長は、次のように語っています。

　　本社は「3〜5年やってみてダメだったから撤退」などと捉えると思うんですが、そもそも何が海外進出のゴールなのか。売上を上げて3年後に利益を出すのか、それとも何とか5〜10年続けて伸ばしていくのか、ゴールの設定が曖昧なケースがある。そこの部分はちゃんとした方がいいと思います。

　　もちろん、10年ぐらいやって売却するというのも1つの戦略ですから、それがゴールならば愚直にそれをやれば良いと思います。

　　ゴールは何か、そのためにどれだけ投資するのか、どのようなレピュテーションをつかんでいくのか。それを、日本の本体の方の計画に織り込む。

　　本体は5年くらいの中期経営計画でやっているとしても、海外事業ではさらに長い計画の中で「このような世界観が実現できます」ということを対外的にアピールできるようにしておかなければ、現地に派遣される人もかわいそうだと感じます。

せっかく多額のお金を使って米国に進出するのですから、**十分な事業計画**（少なくとも3〜5年計画）**を立てて、何が必要かをしっかり確認することが大切**です。

　ただ、精緻な事業計画を作る必要はありません。なぜならば、ビジネスの進め方やルールが違う米国市場では、事業計画通りに物事が進むケースはほぼないからです。

　とはいえ、羅針盤や航海図がないまま航海に出るのは無謀です。経営者の思いを事業計画に落とし込むこと、その計画を達成するためのリソースとコミットメントは絶対に必要です。

　米国進出の目的は、「商品の販売拡大を通じて利益を得る」「国内と海外の事業ポートフォリオの見直し」「経営者の夢の実現」などではないでしょうか。事業計画はそのための最初の手段にすぎませんので、手段が目的化しすぎないようにしてください。

　皆さんがシンプルに、米国に進出しようとする「目的」を定め、その目的達成に必要な「リソース（人・モノ・金）」を計算するうえで必要なものが「事業計画」だと考えてください。この2つが揃えば、あとは経営者や責任者の熱量と覚悟で計画に魂が宿るはずです。

撤退基準を定めておくのは必須

　確かに、米国への進出と現地での事業遂行・拡大は、日本とは全く違う苦労や苦難の連続かもしれません。しかし、その苦労の先に得られる成功も大きいです。

　ただ、最後に伝えておきたい重要なことがあります。それは撤退基準です。

　残念ながら、進出した企業のすべてが成功することはありません。失敗してしまうこともあるのが現実です。米国での失敗には、大きな財務的なインパクトが伴うことも事実です。

　そのため、**事業計画には当初から撤退基準を入れて、国内の事業の屋台骨を揺るがすことがないようにするのも重要**だと考えます。撤退基準としては、「累積損失」や「各年度の新規取引先数」などをあらかじめ定めておくことをおすすめします。

損失の傷口を拡大してしまうような結果を避けるために、進出の際だけでなく撤退においても、経営者や責任者の明確なコミットメントや熱量・覚悟が求められます。

プロダクトアウトからマーケットインへ、捨てるべき「こだわり」とは

食品関連のスタートアップを支援するJO Capital。米系メインストリームの商流で勝負するために「捨てるべきもの」と「守るべきもの」、そして「投資すべきもの」について聞きました。

大西ジョシュ　Josh Onishi
President & CEO　JO Capital
連続起業家。コロンビア大学MBA卒、大阪大学経済学部卒。欧米でCEO/CFOなどエグゼクティブとして25年以上活躍。投資先3社の食品がWhole Foods Marketなど全米5,000店舗に展開中。

　私はもともとHana Group（ハナグループ、本社：フランス・パリ）の取締役をしていました。世界12カ国で小売店舗を中心にアジア食品事業を展開するグローバルオペレーターです。
　Hana Group北米CEOとして、グループ傘下の「Genji Sushi」や「Mai Sushi」（小売店舗内の寿司・アジア食品キオスク事業を展開）をリードしていた際は、「サステナブルな寿司」を全米で販売していました。つまり、サステナブルな食材を使ったお寿司です。
　現在では、JO Capitalで、冷凍寿司やお酒、ジュースなど食品・飲料関連スタートアップへの投資および米国の食品スーパー約5,000店舗に向けての事業開発支援をしています。

味にこだわりすぎない

　米系のメインストリームに進出するうえで注意しなければならないことの1つは、「味にこだわりすぎること」です。
　例えば、Whole Foods Market（ホールフーズ・マーケット）で使用禁止とされている成分を使わずにヴィーガンの商品を開発するとします。その際、甘味を

出すために唯一使用して良いのはブラウンシュガーですが、私であれば味を落としてでもブラウンシュガーすら使わない選択をします。

なぜなら、**米国では「頭で食べる人たち」も多いので、美味しいか美味しくないかではなく、「甘味料入り」という時点で購入しない人もいる**からです。

ポップコーンでも「低カロリー」だけを売りにしても、アメリカ人はそれだけを理由に購入し、「そこそこ味もついているからこれでいいか」となります。

日本の企業の多くは舌で感じる美味しさのみを求めてしまうので、このギャップは強く感じるところです。

また、餅関連の商品では、一般的なアメリカ人は本物の餅の味や食感が分からないケースが多く、そもそも「もちもち食感」が苦手だったりします。

そのため、「餅らしさ」を追求しすぎてしまうと、逆にアメリカ人に敬遠されてしまう場合があります。

ラーメンの場合も似ています。一般的なアメリカ人はチキンヌードルスープを食べ慣れているので、その上位互換としてラーメンを捉えている人が多い。

彼らの頭の中では、「あくまでもスープ」としてラーメンを捉えていたりします。そのため、スープをメインで飲んで、そこにヌードルやトッピングが入っている、という思考になっています。

日本人やアジア人は炭水化物を食べる文化で、炭水化物でお腹をいっぱいにしてスープを残すことが多いと思います。でも、米国には「炭水化物でお腹を満たす」という食文化がありません。どちらかと言えば「スープは全部飲むけど、麺は残す」という食べ方の方がアメリカ人の食文化に近い。

そこで、自分たちのラーメンを全米へ広げていくために、温度帯を下げるという戦略をとりました。日本人からすると「Joshさんのスープ、ちょっとぬるすぎるんですけど」となりましたが、スープを食べやすくするためには、熱々ではなく適度な温度が正解であり、あくまで米系向けのビジネスなので、その反応は自然です。

テリヤキソースも、ステーキソースの代替商品です。すでにステーキソースというプロダクトカテゴリと大きな市場があり、マーケットインとして違うフレーバーのテリヤキが入ったわけです。

一般的なアメリカ人が、「これ美味しい、どうやって作っているの？ 醤油？」となり、そこで醤油にも注目が集まり、全米に広まるきっかけにも

なったと聞いています。

　豆腐も、ヨーグルトの代替として成功した部分が大きい。豆腐の食感が苦手なアメリカ人が多いため、冷や奴に醤油をかけて食べる習慣は全く広がっていません。ヴィーガンなどで牛乳が飲めない（動物性タンパク質をとらない）アメリカ人が、植物性タンパク質をとるために、ヨーグルトの代わりに豆腐を毎朝スムージーにして飲む。豆腐の原形をとどめない食べ方なら美味しく食べられる。そんな食習慣が根づいて、じわじわと広まりました。

　実際、日本人のように家で豆腐を冷や奴で食べるアメリカ人は割合としてはほとんどいないと思います。

日本食＝健康食のイメージ

　米国ではラッキーなことに、日本食＝健康食と勘違いしてくれている人がたくさんいるので、チャンスだと思います。

「お寿司の酢飯に使われている砂糖の分量がばれたらどうしよう」という感覚です。いかに我々が責任を持ってこの立ち位置をキープするかが重要だと思っています。

　そういうわけで、新商品を投入する際は、健康に配慮した原材料を使い、本当に健康的にするよう意識して取り組むことが大切でしょう。

　日本食＝健康食という認識があることで、うまくブランディングできれば、高く価格設定できます。そこに目をつけて参入してくる米系のメーカーが、今以上に増えると思います。

　チャンスではあるのですが、逆にあまりに大きいチャンスなので、先行者利益を米系やその他のプレイヤーにとられてしまい、日本の本家本元のブランドが二番煎じになってしまうことも想定されます。

　例えば、「出汁の入っていない味噌汁」は日本人からすると飲めたものではないかもしれませんが、それを味噌汁ではなく「単なる発酵食品のスープ」だと思っているアメリカ人は全く問題なく飲めます。

　まず**「味噌汁はこうあるべきだ」という日本人的な思考を取り除いたマー**ケットインの発想でのコンセプト作り、発想の転換が重要です。

46

食べ慣れている味に近づける

　カリフォルニア州やニューヨーク州であればアジア系人口が多いので、日本食を食べ慣れている人たちがたくさんいます。最初からこの市場を狙う戦略なら、この2州を攻略しただけでも、もちろん成功だと言えるでしょう。

　しかし、最終的に米系のマスマーケットに入りたいのであれば、マーケットインで勝負するしかありません。

　マーケットインの発想とは、「一般的なアメリカ人が食べ慣れている商品」に近づけることです。

「味つけを現地に合わせる」という意味合いでのマーケットインも大切ですが、「既存のものにいかに近づけていけるか」という文脈での「食習慣のマーケットイン」は、より重要になります。彼らの食習慣をよく理解したうえで、それに対するマーケットイン商品の開発に、どこまでやる気と覚悟を注げるかです。

　一方、**プロダクトアウトで成功しようと思うと、ターゲット層が「本物の味を食べている人」に限られてしまう**ので、どうしても全米規模での成功確率は低くなります。

　日本食については、そもそも「本物の味が分かっていない人」がほとんどです。

「アメリカでこの商品で勝負するんだ」という硬直的な考え方だと、偶然そういう商品が特定の地域でヒットすることがあっても、米系のメインストリームに向けた商流構築の成功確率は低くなります。

　アメリカ人の食習慣は保守的ですが、多種多様な食を積極的に受け入れようとする文化があり、トレンドが絶えず変化します。その変化にうまく合わせて商品を投入できれば面白いビジネスにできるでしょう。

情報はタダではない

　日系企業に関して強く感じるのは、**マーケット調査にお金をかけず、情報をタダでもらえると思っている人が多すぎる**ということです。一方、欧米企業はマーケット調査の時点で相当な投資を行います。

本当に現地の情報が欲しいのであれば、例えばJETROに支援してもらって展示会でブースを出すこともできます。

　最初の1回目、2回目はそれでいいのですが、3回目は「自分のブランド独自でブース出展をやってみよう」としないと、参加者は「JETROのジャパンブース」として見るので、情報が偏ってきてしまう。

　実際、JETROに支援してもらうことで数千～数万ドルの費用が削減できているはずですが、本当に必要な情報を獲得するためには自分たちで負担すべき投資費用です。

　独自ブースで展示した場合、バイヤーや消費者が、本当の意味で「日本の商品だから買う」ということはほぼないでしょう。どちらかと言うと、「アジア的で何かユニークな味だな」という感じで、自然体でブースに来てくれる。そのため、小売店舗で商品を選ぶのと同じ感覚でブースに来る、リアルなお客さんの声が聞けます。

いまだに白人男性中心の社会

　DE＆I[1]の考え方の定着により、多様性は進展していますが、残念ながら現時点で、**欧米の食品企業は白人男性が中心の社会**です。それが現実なので、ある程度割り切るしかありません。

　欧米で長くビジネスに携わる中、やはりマイノリティとして差別された経験はたくさんありますし、今でも経験しています。

　Hana Groupにいた時、ボードメンバーの会議があり、初日は1人だけネクタイをしたのですが、それを汚してしまったので、次の日は皆と同様にネクタイを外して会議に出ました。

　それだけのことで、「ジョシュ、今日は調子が悪いのか？」とボードメンバーの文字通り全員から言われました。

　それが差別だとは思っていないのですが、どこか彼らとは違う別の枠で見られているというような、何とも表現しがたい複雑な感情を抱いたことをよく覚えています。

1　多様性（Diversity）、公平性（Equity）、包摂性（Inclusion）を意味する言葉。

現実的な対応策としては、**白人社会の中で自分がマイノリティであれば、フォーマルすぎる方が無難**です。

　アメリカ人の中には「日本食」をそれと認識しないで食べている人もいるのかもしれないけれど、食べれば食べるほど日本やその文化への理解が深まるのかなと思います。食を通して、違う文化を理解したいという思いになればなるほど、差別や偏見が少なくなっていくと個人的には感じています。

「ゴールデンタイム」は続く

　日本食への関心が高まっている今がチャンスだと思っているので、どんどん挑戦しにきてほしいです。

　チャンスに溢れるこの「ゴールデンタイム」は、向こう10年くらいは続くと思います。原材料に留意していけば、日本食の伝統的かつ健康的なプラスのイメージは継続していくでしょう。

　特に今後、日本食をベースにしたベンチャー企業は日本食の健康志向のイメージをそのまま踏襲しつつ、原料をしっかりと調整した食品を出してくるはずです。実際、私が関わっている米系の冷凍寿司のブランドも、原材料にはかなりこだわっていて、余計なものを一切入れない方針でやっています。

　彼らが、本来の簡素な日本食のイメージを具現化し続けるので、「日本食の伝統的かつ健康的なプラスのイメージ」が失われてしまうことについてはあまり心配していません。

　ただ、市場参入のタイミングとしては、「2030年くらいから考えます」というのでは、すでに市場をとられてしまっている可能性が高いので遅いと思います。

　マーケットインの考え方についてお話ししてきましたが、米国はまだ人口が伸びていて、アジア系人口も伸び、日本食を理解する人も増えているので、プロダクトアウトでもそこそこの市場が狙えます。

　一方で個人的には、マーケットインのコンセプト商品で全米を狙って勝負する企業も出てきてほしいと強く思います。そうすることで、日本の文化をより多くの人に理解してもらうきっかけが増えるはずです。

第 **3** 章

後悔する前に知っておきたい 「商習慣の違い」

　本章では、米国の食農市場において共通する考え方や商習慣について、日本との違いを見ていきます。

　米国食農市場は、市場構造の網目がとても細かく、例えば小売の流通とフードサービスの流通では、全く異なるプレイヤーが存在します。攻めようとする市場のセグメント次第で意味合いが大きく変わってしまう中、もしかしたら「共通項」を探すこと自体にあまり意味はないのかもしれないと感じることすらあります。

　しかしながら、以下の点は、ある程度普遍的に存在していると私たちなりに感じる考え方や商習慣です。

違い①ネットワーキングの重要性

　まずは、第2章でも触れたことですが、米国で商売するにあたり、分野やセグメントにまたがって共通するキーワードがあるとすれば、第一に「ネットワーキングの重要性」です。実際、本書の至るところにこのキーワードは散りばめられています。

　これまでの取り組みを通じて、(a) 日本の約26倍の国土面積がある物理的な広さと、(b) 日本のメンバーシップ（終身雇用）型（ジェネラリスト）vs米国のジョブ型（スペシャリスト）の商慣習の違いが大きく影響していると感じます。[1]

1　日本の人事形態では様々な部署を数年ごとに異動するのに対し、米国企業では1つの分野で専門性を極め、転職しても同じような仕事をすることが一般的。

（a）については、**食品という物理的なプロダクトを取り扱う以上、広大な土地でビジネスをするには外部のパートナーとの連携が不可欠**です。そして、優良なパートナーとつながるためには、泥臭く自分の足で築くタイプのネットワーキングが重要です。

（b）については、**バリューチェーン（製造、加工、流通、販売）を構成しているプレイヤーの一人ひとりの役割について、「思ったより守備範囲が狭い」**と感じます。市場の網目が非常に細かいため、付加価値の高いビジネスを構築するにはパズルのピースをうまくつなぎ合わせていく必要があります。そのために、ネットワーキング（信頼できる人との人脈形成）を行い、様々な外部関係者と連携することがマストとなります。

言い換えると、「全体を俯瞰しつつ、ジョブを組み合わせてプロジェクトをコーディネートする能力」が極めて重要な市場です。そのコーディネート力の礎が、「ネットワーキング基盤」であると強く実感しています。

「エコシステム（生態系）」という言葉がビジネスでもよく使われますが、**ジョブ型雇用を主流とする世界では、個人・個社の生存競争の中でジョブとジョブをつなぎ合わせてコーディネートする「場」が必要**です。そうした中、自ずと米国は「エコシステム（生態系）」が発達するような素地があるようにも感じます。

"It's not what you know, but who you know"

「『何』を知っているかよりも、『誰』を知っているかが重要です」

これは、第2章でも紹介した言葉です。米国におけるネットワーキングの文脈でよく耳にしますが、人脈形成の重要性が表現された言葉です。

会社や業界の情報や知識についてどれだけ詳しいか聞くよりも、実際にその業界の誰を知っているか、誰とつながっているかが分かれば、本人の人脈にどの程度の深さ・広さがあるかが分かる。よって、「人脈形成の成熟度のバロメーター」になる、という考え方に基づくものだと思います。

"Don't be a go-getter, be a go-giver"

「得る者ではなく、与える者になりなさい」

これは、とある方に教えていただいた、人脈形成の一番大切な心得です。

この言葉について、第6章のインタビューに登場する夘木健士郎氏はこう説明します。

> 何もgiveできないということはありません。時間もgiveできるし、自分の商品もgiveできる。最近はgo-getterが多いのですが、見ればすぐに分かります。そしてコミュニティ内で悪い評判が立ってしまうと、挽回するのは難しいです。
>
> 一方で、「○○をして助けてくれた」というポジティブな評判はすぐに広まるので、ネットワーキングはこのあたりが大事です。

経営目標があり、今期のKPIがあり、投資家からのプレッシャーがあり、皆が何らかの目的意識を持ってネットワーキングをしています。最初は、なかなか与えられるものなどなく、言うは易く行うは難しという印象を抱くかもしれません。そのような中で、この言葉は非常に重く、一方で米国という国の本質を突いているとも感じます。

例えば、米国の学校では地域のボランティア活動に参加する機会が多く、自分が帰属しているコミュニティや社会にgive back（恩返し）する感覚が幼少期から体に染みついています。あらゆる分野で成功を収めた方が、それぞれの形で社会にgive backをしていると感じます。

短期的なギブアンドテイクの関係ではない、長期的な信頼関係を構築することが、この社会ではとても大切です。その道でずっと先を走っている人たちに何かを与えるのは難しいことですが、それでも、何かを与えようとする努力や真摯な姿勢を貫くことはできると、自省の意味も込めつつ共有させていただきます。

また、米国の多くの方々はFamily Firstで、家族を何よりも大切にする文化だと感じます。働いている父親が、娘の学校の送迎に行くのは当たり前。長期的な関係性を築くのであれば、家族での交流というのは極めて重要です。

パーティーなどの社交の機会に、家族で参加する機会も多いです（個人的にはファーストレディが外交の一部を担う姿こそその象徴だと感じます）。もちろん、時代の流れによって変化している部分や業界特性・地域性はあるので、ケースバイ

ケースです。ただ、このような商慣習・国民性の中、いわゆる「日本式の親睦の深め方」は相手を選ぶ必要がある（むしろ逆効果になってしまう可能性がある）ため留意が必要です。

第5章のインタビューに登場するサンクゼールの久世直樹氏は、次のように語ります。

　私は米国留学初期、カリフォルニアのある評判の高い銀行の頭取Mr. Dのご自宅に、半年ほどホームステイをさせていただいたことがあります。

　その際に、そのMr. Dの仕事の内容を垣間見ることができました。彼は、パートやアルバイトも含めたすべての銀行員の誕生日に電話をしてお花を贈ることを日課にしていました。また、たびたびご自宅に知人や友人を招き、食事を振る舞っていました。

　一見、米国人のビジネスマンや経営者はクールで生産性を追い求める人が多い印象を持ちますが、Mr. Dから人間としての魅力や懐の深さを学び、感動しました。

　米国では、多くの企業や個人が様々な分野の社会貢献をするため、寄付を積極的に行っています。米国人はそういうことを重要視していると思います。

　私が尊敬する先輩経営者の一人であるITO EN（North America）の本庄洋介社長は、毎年チャリティーゴルフコンペを開催して、300人を超える関係者を招待します。

　そのイベントでは、教育機関や災害のあった地区、日米の架け橋になるようなNPOに対して、多額の寄付を会社や個人でされています。

　こういう行動で人はファンになりますし、「この人のため、この企業のために貢献したい」と思うでしょう。

また、信頼関係を築くことで、具体的なビジネスにもつながると久世氏は言います。

　米国では多様な民族が集まっているので、信頼を勝ち取るのは本当に難しいことだと私自身も感じます。取引先からも、サプライヤーからも信

頼を勝ち取ることは容易ではありません。

　取引先やサプライヤーは、既存ネットワークの中からご紹介していただき、おつき合いを開始することが少なくありません。

　例えば、ポートランドの高級スーパーであるZupan's Marketsに20アイテムほど取り扱いをいただいていますが、それは私がポートランド州立大学に招かれ、日米ビジネスについて講演する機会に恵まれたことがきっかけです。その担当教授からZupan'sの社長を紹介していただいたことで、スムーズに商売につながりました。

　その後、Zupan'sの社長がシアトルにある高級スーパーマーケットチェーンのMetropolitan Marketの社長に連絡をしてくれ、そちらでの採用にもつながったことがあります。

　何者なのかもよく分からない、日本人の私たちを最初から信頼してくれる米国人はゼロです。でも、地元に根ざした活動をすることで、それを見て評価していただき、紹介や口コミで少しずつ商品が売れるようになってきた実感があります。

　人脈形成においては、人と人の世界ですので、アートの部分が多い印象です。一方で、例えば米国の銀行の方々は、人脈形成のハブとなる人物を彼らにとってのCOI（Center-of-Influence）と呼び、COIとの定期的なリレーション構築を社内のKPIにしているケースもあります。

　ある程度がむしゃらに動き、ネットワーキング基盤が構築できたあとは、COIの定義を社内で共有し、組織的かつ長期的な人脈形成戦略を構築していくことは有益かもしれません。

違い②意思決定のスピードや柔軟性

　本書でインタビューさせていただいた方々の多くが、米国企業と比較した日本企業の「意思決定の遅さ」を課題に挙げています。クロスボーダービジネスという事業環境において、当地で柔軟かつ迅速に経営判断を下せる会社は非常に強いと感じます。

　第9章のインタビューに登場するN.H.B. Questの平子治彦氏は、日本企業

が米国に進出する支援を行っていますが、スピーディーな意思決定は不可欠だと語ります。

　　弊社のクライアントで言うと、私たちが社長と直接コミュニケーションしているケースは、成功までの道のりも早い場合が多いです。逆に、権限が委譲されていない、海外事業部の部長などがメインの窓口の場合は、成功確率が低い。

　　例えば、バイヤーの反応を見て、パッケージデザインに比較的軽微な変更を行った方がいいという話になったとします。「ここの色を赤から黒に変えた方がいい」といったことです。

　　それをクライアントに伝えた時に、柔軟にすぐに対応できるのか、それとも組織決定に稟議回付で数日かかってしまうのか。これは、米国小売での商流構築の成否を大きく左右します。

　　米系小売のバイヤーが興味を示しているうちに、勝負を決めに行けるかどうかがポイントです。

　私たちも日米間のコミュニケーションを日々行う中で、物理的に離れていることはもちろん、商習慣の違いや時差が大きい米国と日本のコミュニケーションにおいては、より強固な信頼関係やリスペクトが大切だと実感しています。それが迅速な意思決定につながります。

　その中で、**「家族というつながり」は、やはり他のものでは代替し得ない特別な力**（バランスシートには反映されない無形の価値・資産）**を感じます。**

　実際、今回インタビューをさせていただいたメーカー様の多くはファミリービジネスであり、その意思決定の柔軟性や迅速性がビジネスに与える影響はやはり大きいと感じざるを得ません。

　もちろん、成功の十分条件ではないですが、「ファミリービジネスが持つ本質的な強みをどう再現性高く体現していけるか」という観点は、クロスボーダービジネスの展開において大切かもしれません。

違い③インナーサークルに入り込むことの重要性

　米国食農市場は市場としての成熟度が高く、商流構築に必要不可欠なブローカーなどの様々な仲介レイヤーが存在しています（これは不動産や保険業界も同じであり、成熟した業界に多くの階層が生まれるのは食農市場に限ったことではありません）。

　加えて、先述のジョブ型の話に通じる通り、商流の各レイヤーにコミュニティや業界団体が生まれ、既得権益が存在している。ひとたび既得権益が確立されると、それを保持する力学が働くと感じます。

　一般的に米国は、労働組合（ユニオン）の発言力が強く、いわゆる「労働者としての既得権益を保持する力」は日本に比べて強いと感じることが多いです。

　言い換えると、**一度インナーサークルに刺さり込み、本当の意味で人と人との信頼関係を築ければ**（ここが最も難しいところですが）、**ネットワーキング基盤そのものが参入障壁になる**ので、そういった意味での経済取引の粘着性は相応に高いと感じています（他方、属人性は高まるので、組織経営論としては極めて難しいところだと理解しています）。

　第2章のインタビューに登場する大西ジョシュ氏は、こう語ります。

　　積極的に米国の業界団体のメンバーになり、インナーサークルに入っていくことはすごく重要です。私もYPO（Young Presidents' Organization）に所属していますが、そこから紹介される人脈は通常では絶対に会えない方々ばかりでした。そのほかにも似たような団体がたくさん米国にはあるので、そういった団体に積極的に入っていくのは大切です。

　　英語が苦手な方にとっては非常に難しい部分ですが、まずはディシジョンメーカー（決定権のある人）が現地で英語で発想して、その場で英語で考えコミュニケーションできる状況を作ることがファーストステップです。これがないと、業界団体に入っても、その中にいる人たちとつき合ったりネットワーキングしたりすることができません。

　今回インタビューをさせていただいた方々のコメントを振り返っても、インナーサークルに入り込む努力をするなど、長期的な視野で「愚直にちゃんと汗をかいた企業」が着実に成長しているということを改めて実感します。

その点においてはフェアな市場だと強く感じます。

コラム　米国進出の人材戦略

　本書では、米国に進出している数々の日系食品メーカーの方々にお話を伺っていますが、その中で繰り返し強調されていたのは、人材戦略の重要性です。

　特に大きかったのは、「日本人だけで勝負するのではなく、アメリカ人を採用した方がいい」という声です。第6章のインタビューに登場するSan-J Internationalの佐藤隆氏は、その理由を次のように説明します。

　　　人材が欲しい時は、やはり業界の人間を雇いますが、どこかの媒体に広告を出すというよりも人に紹介してもらう方が多いです。

　　　私が口を出すとしたら、「日本人は雇わない」「日本文化が好きである必要もない」ということで、現地の人間を優先するというのはあります。

　　　やはり、我々が売りたい相手はWhole FoodsやKroger（クローガー）です。相手がアメリカ人なので、コミュニケーションや最終的な歩留まりを考えると、こちらもアメリカ人が良いのではないかと思います。

　　　確かに、日本人が日本の文化を伝え、それを1つの武器とすることもできるでしょう。ただ、その場合は、展示会で社長が発表したり、あるいはイベントでそういった素材を使ったりすればいいだけだと私は思っています。

　　　例えば、アメリカ文化の象徴のようなコカ・コーラも、日本で営業担当を務めているのはアメリカ人かと言うとそうではなく、おそらく日本人でしょう。日本のスーパーのバイヤーと話す時に、片言の日本語が話せるアメリカ人が来ると、最初は「おぉ！」となるかもしれませんが、バイヤーとしてはストレスを感じると思うんです。

　　　あるいは、ヴィクトリアズ・シークレットが日本に路面店を出した場合、店頭ポスターの写真は白人の女性がモデルかもしれませんが、

商品の肌触りや着心地を伝える時は、日本人が日本人の体験として話した方が、おそらく歩留まりは高くなるでしょう。アメリカに来たら、同じことをやると良いと思います。

ITO EN（North America）の本庄社長も、「海外に子会社を作っても、日本からは1〜3人ぐらいしか派遣していません。あとは現地の人を採用する形で対応しています」と証言します。

同社のCSOで第7章のインタビューに登場するRob Smith氏は、人事戦略についてこう説明します。

人事の観点からは、日本人駐在員、日系アメリカ人、アメリカ人の文化的ミックスが、私たちの最大の強みの1つだと思います。

これにより、日本の伝統や歴史に忠実でありながら、日米市場の違いを、意味のある形で活かすことができます。

第 **2** 部

押さえておくべき
米国の食農市場の構造

第 4 章

小売、フードサービス、Eコマース、戦い方が異なる3つのチャネル

さて、本章からは具体的に米国での販売チャネルを見ていきましょう。

読者の皆様は、米国で自社商品を流通させたいと考えた時、どのような形態を思い浮かべるでしょうか。最終目標としては、「Whole Foods Marketに並んでいてほしい！」などと考える方が多いのではないかと思います。

もちろんWhole Foodsも販路ではありますが、もう少しざっくりとした販路のジャンルを概観してみると、食品メーカーにとって、**主な販売チャネルは、①小売、②フードサービス、③Eコマースの3つ**に大別されると考えられます。①は実店舗のあるスーパーマーケット、②はレストランやケータリング、学校給食、企業食堂、病院食など家の外で調理・提供される食事を扱う事業、③DTC（Direct to Consumer、自社ウェブサイト等から消費者に直接販売する手法）から、Amazonやオンラインリテーラーを通じた販売までを含む事業を指します。

このうち、どのチャネルから米国市場へ参入する日本企業が多いでしょうか。私たちが接している企業群を見ると、③Eコマースを起点としているところが多い印象です。そこで、まずはEコマースについて見ていきましょう。

Eコマースのメリットと戦い方

日本企業はなぜEコマースから攻めるケースが多いのか。いくつかある理由の中で、**最初に思いつくのは「費用」**でしょう。

あとの章で詳述しますが、米国で小売店舗に商品供給するには、相応の費用がかかります。大企業の米国現地法人でもない限り、事業が軌道に乗るま

では使用できる資金に制約があるのが普通です。

一方でEコマースの場合、**自社のホームページがあり、Shopifyのような Eコマースプラットフォームを活用すれば、それこそ100ドル程度で商品の 販売を開始する**ことも可能です。少なくとも初期費用に関しては、Eコマー スの活用にコスト的なメリットがあると言えます。

第2の理由として、**「テストマーケティング」的な側面**が挙げられます。

米国事業立ち上げの初期段階では、消費者の反応を見ながら、受けの良い 商品性を見出していく必要があります。特に日本企業の場合、食文化が全く 異なる米国で、自社の商品が受け入れられるかどうかの判断はつきづらいで しょう。

小売やフードサービスの場合、スーパーマーケットやレストランを介して 自社商品が消費者の手に渡るため、直接的に消費者の意見を確認することが 難しい。一方で自社ECサイトの場合、消費者が企業のホームページを訪れ て商品購入（いわゆるD2C、もしくはDTCと呼ばれるDirect to Consumerの形態）をする ため、消費者からのフィードバックが得やすいと言えます。

高いコストを払って小売に参入したのに、消費者に受け入れられず、商品 性を繰り返し変更するのは得策ではありません。

また、テストマーケティングという観点では、**「越境EC」**の活用も有用と 考えられます。例えば、日本のお菓子を世界中に展開するBokksuなどが該当 します。皆様に馴染み深いプラットフォームだと、Amazonも越境ECです。

越境ECとは、国境を越えて海外の消費者に通信販売を行うオンライン ショップのことであり、BtoB（卸会社向け販売）である一般貿易と異なり、BtoC （対消費者）でも国境を越えて商品を販売できます。

米国では、商品の輸入について非常に厳しい規制があります。例えば、 FSMA（Food Safety Modernization Act、米国食品安全強化法）に沿った対応（HACCP 〔Hazard Analysis and Critical Control Point、危害要因分析重要管理点〕が代表的）は、米国 に「一般貿易」で食品を輸出する場合には必須です。

一方で、越境ECの場合、特にBtoCで金額が小さい場合、具体的には2,500 ドル以下の金額であれば、小口貨物として「略式輸出」に分類されます。よっ て、一部の制限品目を除き、通常よりも簡易な通関手続きが適用されます。

越境ECを活用すれば、日本にいながら、米国で自社商品のテストマーケ

ティングにチャレンジできるため、よりハードルが低いと言えるでしょう。

第3の理由に、「**成長性**」が挙げられます。

新型コロナウイルスのパンデミックを契機に、Eコマース市場はより伸長しました。一度消費者に浸透したEコマース利用の習慣は、パンデミック沈静化後も継続し、引き続きEコマースの市場は拡大していくと予測されています。図4-1が示している通りです。

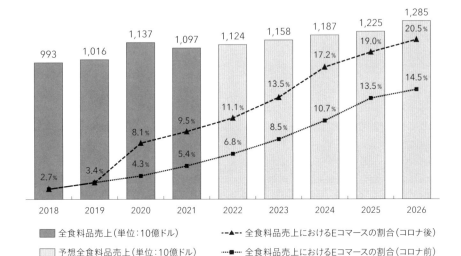

図4-1 米国食料品売上は、今後もEコマースが伸びる見通し[1]

ここまでEコマースのメリットについて説明してきましたが、新規参入者にとってハードルが低い一方で、それだけ多くの競合が存在する市場とも言えます。エントリーコストこそ低いものの、適切な広告を打たなければ、競合に埋もれるどころか、消費者は商品を発見することさえできません。

したがって**Eコマースにおいては、いかにマーケティングをうまく行うかが鍵**となります。インターネット広告、FacebookやInstagramなど自社SNS

---

1 Mercatus "Mercatus Survey Reveals 75% of Online Grocery Orders To Be Fulfilled at Grocery Stores" October 20, 2021
https://www.mercatus.com/newsroom/mercatus-survey-reveals-75-of-online-grocery-orders-to-be-fulfilled-at-grocery-stores/

アカウント、インフルエンサーの起用など、小売店舗での販売とはまた異なる形のマーケティング活動が必須と言えるでしょう。

Eコマースで成功を収めたOmsom

米国でEコマースを利用して成功を収めているスタートアップにOmsom（オムソム）が挙げられます（2024年6月にDayDayCookが買収）。CPG（consumer packaged goods、消費財）界隈ではかなり有名で、いろいろな方から名前を聞くことが多いです。

Omsomは、ベトナム系米国人の姉妹KimとVanessaが2020年に設立した、アジアンフードのスタートアップです。商品は、スパイスや調味料があらかじめ調合された小袋です。これを付属のレシピに従って材料（付属なし）に絡めると、エスニック料理に馴染みのない人たちでも気軽に東南アジアや中国、韓国などの各国料理を楽しめます。

OmsomはD2Cマーケティングを活用して認知度を上げていき、今では全米のWhole FoodsやTarget（ターゲット）で流通するまでになっています。

日本食を含むエスニックフードは、米国の中でも小さなカテゴリですが、Omsomのような存在がデジタルマーケティングを駆使してマーケット自体の規模を広げていると言えるでしょう。同時に、Omsomの成功は、日系企業も同様のことができる可能性を示唆しています（同社のインタビューは本章末に掲載しています）。

テクノロジーでフードサービスの課題を解決

では、Eコマースが軌道に乗ってきたところで、次はどこを目指すのか――これは商品と戦略によると思います。

例えば、非常に付加価値の高い高級志向の商品であれば、ハイエンドな小売（Whole FoodsやSprouts Farmers Market〔スプラウツ・ファーマーズ・マーケット〕）や高級レストランを目指すでしょう。より原材料に近くて差別化が難しい商品であれば、小売店の中でも廉価帯のWalmartやTarget。フードサービスであれば、大衆レストランを目指すことでしょう。

一方で、仮に商品自体の差別化が難しかったとしても、フードサービスで求められる商品作りを意図的に行うことは可能です。

小売店の場合、消費者が完成品を棚から直接手にとることができますが、フードサービスは一度シェフが原料を調理し、「メニュー」として消費者へ提供されることが一般的です。小売店と比較して、消費者の手に届くまで「プラス1階層」が存在しているわけです。

この「プラス1階層」には、消費者のニーズとは別に、シェフの手間削減といったフードサービス側の課題が存在しています。例えば、米国ではメジャーな日本食として寿司が人気ですが、AUTEC[2]（写真上）やSuzumo[3]が手がける「寿司ロボット」は、まさにフードサービスの抱える課題を解決するソリューションと言えるでしょう。

---

2 https://www.sushimachines.com/
3 https://www.suzumokikou.com/

また、ラーメンにおいてもYo-Kai Express（ヨーカイ・エクスプレス）というサンフランシスコのフードテックベンチャーが、自販機型のラーメン自動調理機械を展開しています。米国のフードサービスセクターで導入が進んでいることに加え、日本でもJR東日本と連携して駅構内に自動販売機を設置しています（写真下）。

　このように、**テクノロジーを用いてフードサービス企業の課題を解決できる商材であれば、より高い勝率を持ってフードサービスのセクターに挑戦で**きるでしょう。

　また、別のアプローチとして、**自社の商品を使うことで実現可能な独自メニューの開発**も有効だと思われます。フードサービスのシェフたちに、「このメニューを実現するには自社の商品が必要不可欠」と思わせる手法です。

例えば、あなたの会社がマヨネーズを取り扱っているとします。マヨネーズを作る競合他社は数多く存在するでしょう。特にフードサービスセクターでは、自社商品のマヨネーズが完成品（料理）の原材料として使われるため、「なぜわざわざあなたの会社のマヨネーズを使う必要があるのか」を訴求する必要があります。

　そこで、あなたの会社のマヨネーズを使用したレシピをいくつか開発し、フードサービス企業に対し、「このレシピを採用して、うちの商品で新メニューをやりませんか？　このメニューの味はうちのマヨネーズでしか出せません」と提案する。そうすれば、フードサービス企業に「自社のマヨネーズ」を使う理由を与えることができます。

　いずれにせよ、フードサービスでは商品が原材料として使用されることが多いのですが、原材料供給という差別化が難しい領域で、いかにコスト以外の差別化ポイントを探すことができるか。ここがフードサービスの鍵なのではないかと思います。

小売とフードサービス、どちらを攻めるか

　さて、小売とフードサービスのどちらを攻めるかという話題に戻ります。

　まず、小売とフードサービスには利益の出方に違いがあります。一見、主に原材料として商品が使用されるフードサービスよりも、加工や小分け包装に手間を要する小売店向け販売の方が利益率が良いのではないか？と思われがちですが、実はフードサービス向け販売が収益源という会社も多くあります。

　理由は主に2つで、**フードサービスには、①プロモーションがない、②一度参入すると粘着性が高い、という特性がある**ためです。

　①については、皆さんもよく小売店で「○○％引き」というようなディスカウントを目にすると思います。これは当然ブランドが自社商品を宣伝するために行っているわけですが、フードサービスでは完成品は料理であり、あなたの商品を宣伝する必要はありません。

　②については、完成品（料理）の原材料として使われているあなたの商品は、料理の味を決めるうえで重要なファクターです。したがって、フードサービス企業は一度あなたの商品を使用し始めたら、致命的なデメリットが

ない限り、使用を継続するでしょう。

一方で、小売は回転率が低下したら、容赦なくディスコンティニュー（取引中断）されてしまいます。

とはいえ、小売向け販売も当然ながら大きな市場です。ブランド認知が低い段階では、確かにプロモーション費用に大きな予算が割かれますが、安定してくれば徐々に利益率が高まってきます。

例えば、mochidoki（モチドキ）という高級志向の餅アイスクリームのスタートアップがあります。同社は、フードサービスとEコマースからブランド認知を高め、最近ではメジャーな小売店でも商品を見かけるようになっています。

現在はフードサービスを収益基盤としながら、小売店向け販売にコストをかけてスケールしようとしています。成長段階の会社ではありますが、成功例として学ぶものがたくさんあります（mochidokiのインタビューは本章末に掲載しています）。

小売とフードサービス、どちらを主な軸足とするかは戦略と商品性にもよりますが、結論としては両方取り組むべきと思います。
　理由の1つ目として、**両者ともに相応のマーケットシェアがある**ことが挙げられます。USDAが公表しているグラフ（図4-2）を見てみましょう。これは、米国におけるすべての食品消費のうち、家での消費（＝小売店などで購入し家で食べる）と家以外での消費（＝レストランなど外食）の比率を比較したものです。

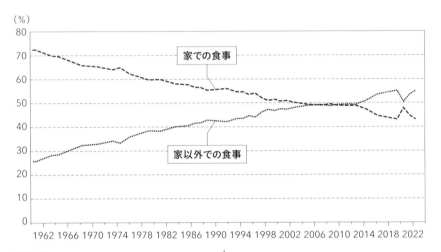

図4-2　米国における内食と外食の食費の割合[4]

　2022年の実績を見てみると、家食：45％程度、外食：55％程度と、両者がそれぞれ大きなシェアを持っています。ということは、どちらか一方にしか取り組まないのは機会損失であると言えます。
　また、2つ目の理由として、事業運営という意味でも、小売とフードサービスの両方のセクターでビジネスを持っていた方が良いでしょう。というのも、**この2つのセクターは逆相関の関係になることが多い**ためです。
　例えば、不況になれば、人々は高級食材の使用や高級レストランでの外食を控えるでしょうし、逆に好景気であれば、より嗜好品の消費が増えるでしょう。小売とフードサービスのそれぞれのセクターで、さらに細かいトレ

---

[4] USDA Economic Research Service
https://www.ers.usda.gov/topics/food-markets-prices/food-service-industry/market-segments/

ンドの変化はあります。しかし、食べること自体はやめられません。人はどんな状況になっても食べるし、飲むのです。

これは、食品の供給サイドにとって、常にビジネスが存在することを意味します。この時、ダウントレンドの事業しか持っていないと、アップトレンドの収益機会を取り逃してしまうことになります。

具体的には、2020年に影響が顕著だった新型コロナウイルスのパンデミックが分かりやすいでしょう。人々はロックダウンや外出制限により、外食（フードサービスセクター）をせず、家で食事をする（小売セクター）ことを余儀なくされました。

もしこの時、フードサービスにしか売上を持っていないと、事業が苦しくなるのは言うまでもありません。一方で、小売売上は大きく伸長したので、フードサービスが落ち込んだ分を小売がカバーする構図になります。

少し金融機関らしい話をすると、これは投資を行う際のポートフォリオ運営に通じます。安全に投資をしたいなら、最後は元本で返済される債券だけで運用すれば良いですが、債券は償還になるまで金利の動き次第で時価が変動します。

例えば、リスクオン（景気が良く、市場がリスクをとりたがる環境）であれば、債券などの安全資産は人気がなく（＝値下がりする）、株式などのよりリスクの高い運用先が好まれる（＝値上がりする）傾向があります。

この時、債券しか持っていないと、債券の値下がりで含み損を抱えることになりますが、株も持っていれば、株の値上がりで含み損をカバーできるかもしれません。このように、逆相関の関係を持つ資産に分散投資を行うのが、ポートフォリオ運営の基本です。

食品メーカーの事業運営においても、同じことが言えるでしょう。私たちも米国で複数の食品メーカーを融資先としていますが、ここ数年の決算を見るだけでも、事業ポートフォリオの重要性を痛感します。

バランス良く各セクターに事業を持っている会社は、落ち込んだセクターを好調なセクターがカバーする形で、安定した決算内容になっていることが多いです。

本書の読者の皆さんもぜひ事業ポートフォリオを意識しながら販売チャネル構築にあたっていただければ幸いです。

強力な創業物語が可能にする
DTCのデジタルマーケティング

「商品を通して伝えたい価値は何か」──それが分かりやすくて明確であれば、消費者に直接届けるDTCが可能になり、小売の目にも止まります。その方法で大躍進を遂げたOmsom創業者に、成功までの過程について聞きました。

キム・ファム　Kim Pham
Co-founder　Omsom
アジア系のシェフと共同で開発したソースやヌードルを全米2,000店舗で展開するOmsomの共同創業者。ヴォーグ誌やCNNなどにも取り上げられている。2024年6月にDayDayCookに買収され、現在はブランドアドバイザーを務める。

　私と妹のVanessaは、2020年5月にOmsomを創業しました。

　商品ラインは、調理ソースのみ、そして調理ソースと乾麺のセットの2つがあります。アジアの食品ブランドとして、多様なアジアの味や物語を消費者に届けることを目標にしています。

　私たちは1975年に米国へ渡ったベトナム難民の娘で、ボストンにある人口の98％が白人という町で育ちました。

　幼い時は自分のアイデンティティについて、「一般的なアメリカ人とは異なる」と感じることも多くありました。ただ、20歳になる頃までには、ベトナム人でありアジア系アメリカ人であることを少しずつ誇りに感じるようになりました。

　その後、Vanessaはハーバード大学を卒業し、ベインキャピタル（独立系プライベートエクイティ・ファンド）でCPG（消費財）やEC業界のマネジメントコンサルティングを行っていました。

　私は16歳の頃からスタートアップで働いており、ブランドやコミュニティに関する仕事をしてきました。

　私たち姉妹が共同で事業に取り組もうと思ったのは、**アジア系アメリカ人の味覚や食に関する物語が米国中に広がる「ルネッサンス」が起こり始めて**

いるという背景があるからです。

　このムーブメントの中で私たちのアイデンティティが蘇ってきたことを感じ、そこに文化的なミッションを強く感じたことが創業の大きな理由です。

　ブランド名のOmsomという言葉は、ベトナム語で「騒がしい！　うるさい！」という意味です（実際はあまり良い言葉ではない）。両親は、私たちが騒がしすぎると「Don't be so Omsom!」と言ってよく叱ったものでした。

　でも、Vanessaと私は、アジア系アメリカ人がもっと主張をして米国で目立つべきだという考えを持っていました。白人のアメリカ人は、アジア系アメリカ人をある一定の角度でしか見ていない。少しだけ反抗的な意味も込めてこの名前を選びました。

　これまでアジア人は「静か」「従順」という印象を持たれることが多く、私たちはそのイメージを変えたかったのです。

　だからOmsomは、プロダクトミッション（商品を広めたい）ではなく、カルチャルミッション（文化を広めたい）をベースにしたブランドです。

CPGを選んだ理由

ビジネスを始めた時、CPG企業になるかどうかも分かっていませんでした。当初はむしろ、レストランやスーパーマーケットをオープンしたり、食品雑誌を立ち上げたりすることを考えていました。

しかし、最終的にCPGを選んだのは、「アメリカ人が手に持てる物理的な商品を扱うことで、私たちの物語を伝えやすくできるのでは？」と考えたからです。

米国にある各国料理と比べても、アジア料理は信じられないほど風味が豊かで、インパクトがあり、高い技術と高品質の食材を使用しています。

また、多くのアメリカ人がアジア料理を油っこい、太る、甘いという単一の側面から捉えていますが、アジア料理がたくさんの顔を持つ食である（本当はとても大胆であるとともに繊細である）ことを示したいと考えていました。

創業当初、私たちは消費者リサーチをたくさん行いました。**500人以上にアンケートを行い、100人と電話し、そのうち50人の家を訪れてキッチンで料理をする様子を見ました。**

その時、**そもそもどのようなことが行動原理となってアメリカ人がアジア料理を食べるのか、どのくらいの頻度でそれを食べるのか、どのくらいの頻度で料理をするのか、テイクアウトやデリバリーを頼むのか、どういったものにどれくらいのお金を使うのか**などを知りたかったのです。

そのリサーチを通して、いくつかのことを学びました。まず、アジア系かどうかに関係なく、みんなアジア料理が大好きであること、また、アジア系でもそうでなくても、家でアジア料理を作るのがとても難しいと感じていることなどです。

アジア系なら、母から家庭の味のレシピを教えてもらうのがいかに難しいか知っているでしょう。そして、非アジア系の場合、アジア系スーパーマーケットにアクセスできない、またはどの食材を選ぶべきか分からない、と考えられます。

結果、アジア料理を難しくしているのは、野菜など特定の材料を手に入れることではなく、「基本的な味を正しく再現すること」にあると気づきました。

私たちは、そこに焦点を当てることにしました。調理ソースのスターター

キットを市場に投入することで、最も「緊急度の高い潜在的なニーズ」を解決できると考えました。

また、サプライチェーンの観点からも、常温の商品を希望していました。私はBlue Apron（大手冷凍ミールキット販売会社）での経験から、生鮮や冷凍冷蔵のサプライチェーン構築が非常に難しいことを知っていました。特に私たちはCPGの経験がなかったので、賞味期限の面で少し余裕を持ちたかったのです。

ということで、マーケット調査は全部自分たちでやりました。資金も多くはなかったので、自己資金でできることから始めました。

CPGスタートアップの創業者として、消費者に近づき、自分の五感で消費者のペインポイントをよく理解する必要がある。外部との連携ももちろん大切ですが、これらのプロセスは自分たちでやりたかったこと、やらなければならなかったことでした。

レシピの開発は社内で

Omsomの商品開発戦略の大部分は、本当に素晴らしいアジアのシェフたちとの提携にあります。私たちのすべての商品について、その味の専門知識を持つアジアのシェフと提携しています。フィリピンのソースを開発する時はフィリピンのシェフと、韓国のソースを開発する時は韓国のシェフと。それが、私たちがフレーバーを正しく開発する方法です。

フレーバーを開発した後、実際の製品としてのフォーミュレーション（配合）は、私とVanessaがインハウスで行っています。店に並ぶ製品の味が、シェフと一緒に生み出したフレーバーに近づくように何度も試食を繰り返し、現在のフォーミュレーションにたどり着きました。

一方で、量産化する部分、つまり材料の調達や製造委託先の探索などの面では、創業初期はあまりお金を持っていなかったので、外部の運営パートナーと提携しました。

CPGのイベントやネットワーキングイベントによく参加しており、外部の連携パートナーとはその中で出会いました。

彼らは実質的なChief Operating Officer（最高執行責任者）や運営ディレク

ターとして、私たちやフードサイエンティストと一緒に働いてくれるという役割でした。実際の生産やサプライチェーンの設定は、外部の運営コンサルタントと提携して進めました。

レシピや商品開発に関して、シェフにどのようにアプローチし、納得して協力してもらうかが、初めはとても難しかった。私たちが無名の時、誰も話を聞いてくれませんでした。であれば行動するしかないということで、レストランに出向き、何とか説得してシェフと一緒にビールを飲みました。

そして、最終的に1人のシェフが私たちに大きな賭けをしてくれました。その後、そのシェフが他のシェフにも一緒にお願いしてくれ、少しずつシェフのパートナーが増えていきました。それは地道な作業で、**本当に人と人との間の信頼関係の構築**でした。

この業界はネットワーキングがすべてです。ただ、私たちはそれをフォーマルなネットワーキングと考えていません。**コミュニティで多くの人々に会い、何の見返りも期待せずに他の創業者を助けること、ただそれだけ**です。

例えば、私たちはたくさんのイベントに参加して講演しています。私たちにとって本当に重要なのは、コミュニティに還元することですが、コミュニティも私たちに多くを与えてくれました。

実際、私たちの最初の従業員には、私たちが行ったコミュニティイベントを通じて出会いました。また、最初の投資家も、私たちがいたWeWorkのオフィスで出会った人々でした。だから、いつどんな出会いがあるか分からない、という心構えでいることが重要だと思います。

DTCを小売への発射台とする

DTCは、Omsomの販売戦略上でも非常に重要な役割を果たしています。

最初にOmsomの創業を考えた時、私たちはCPG企業と話をして、リサーチを始めました。彼らから何度も何度も聞いたのは、「**資本力の乏しいスタートアップCPGブランドが、米系の大手小売に直接挑むことは非常に高くつき困難である**」ということでした。

地域ごとに小売のバイヤーに会って、彼らを納得させなければならず、仮に店頭に並んでも、商品陳列や棚を押さえる料金、プロモーション費などが

非常に高くつきます。

　それを見て、この商流構造にそのまま立ち向かうことは私たちの得意な領域でないと感じました。また、それを行うための資金もありませんでした。

　一方で私たちは、デジタルネイティブなので、ストーリーテリング（消費者にメッセージを上手に発信すること）、SNS、インターネットを通じたアピールは得意です。私たちは、**DTCを小売への発射台として捉えて活用**するつもりでした。

　仮に、私たちが非常に強力なDTCブランドを構築できた場合、最終的にはむしろ小売側が私たちにアプローチしてくると考えました。このようにDTCマーケティングにレバレッジをかけ、小売への参入ができれば、それはバイヤーと商談をする従来型のプロセスよりも（少なくともOmsomにとっては）はるかに容易で、スムーズで、費用がかからないと考えました。

　タイミングも重要だったと思います。私たちが最初にDTCをローンチすることを選んだ2020年は、（パンデミックもあり）DTC市場はとても活発で、消費者はSNSを通じてストーリーを聞きたがっていました。ブランドの背後にいる創業者のストーリーを知りたいと思っていたのです。

　SNSは、私たちがストーリーを伝えるための「デジタル不動産（digital real estate）」となりました。

　結果として、Whole Foodsと話ができた時、彼らは私たちがDTC市場で行ってきたこと、築いてきたファンコミュニティ、プロダクトを通じて伝えてきた物語やメッセージに感銘を受けていました。

　そして、「私たちの店に来てください」と言ってもらい、私たちが最初にDTC戦略を実践してから約2年後に、全米のすべてのWhole Foodsにローンチすることができました。

　ちなみに、**消費者向けにテストマーケティングするもう1つの方法は、Amazonを活用すること。消費者が自分たちの商品を欲しがっているかどうかを最短で確認する良い方法**です。

　Amazonには規模があるし、プロダクトマーケットフィット（PMF：参入しようとしている市場に商品を調整すること）が実現できていれば、注文はとめどなく入ってくるでしょう。ただ、私たちのような初期の事業フェーズではかなり厳しいマージンになっている（収益性が低い）のは事実です。

DTCが有効なのはストーリーが強力な場合

　一方で、「DTCがすべてのCPG企業に当てはまる戦略だと思うか？」という問いについては「No」と答えるでしょう。小売実店舗の販売チャネルの方がDTCに比べて商流構築のコストが高いかどうか、実際にはまだ分かっていません。というのも、DTC市場は過去3年間で大きく変わってきたからです。**DTCは、ストーリーテリングやコンテンツが強力な場合には非常に役立ちますが、新しいオーディエンスに届け続けるためには、広告にお金をかける必要があります。**それはますます高価になっているので、ROI（投資収益率）を考えるとDTCの方が高いかどうかは必ずしもはっきりしていません。

　商品のPMFができている場合、すぐにでも小売販売にチャレンジするべきだと思います。PMFができている、すなわちストーリーテリングをしなくても消費者が商品を手にとる確信がある場合は、私はそのまま小売のチャネルに進むべきだと思います。

　しかし、Omsomの場合は、「全米規模で小売のエスニックカテゴリの通路・棚に挑戦していく最初のアジア系アメリカ人のブランドの1つ」という立場でした。そして、私たちのストーリーや調理ソースがすぐにヒットするかどうか全く分かりませんでした。だから、DTCチャネルを実験台として使用する感覚で捉えていました。

　何がうまくいくか、何が人々の心に共鳴するか、デジタルのPRを駆使して事業としてどこまでいけるかを確認したかったのです。だから、商品開発とセットで販売チャネルミックス（DTC、小売実店舗、Amazonなど）を考える必要があると思います。

Whole Foodsについたウソ

　Whole Foodsとの出会いについては、先述の通り、最終的には彼らが私たちを見つけ、私たちに連絡をとってくれました。ただ、実際にはもう少し裏話があります。

　当時Whole FoodsはAmazonに買収されたばかりで、やや社内も混乱している様子でした。多くのバイヤーが興味を持ってくれてはいましたが、なか

なか「最終的な承認」を得ることができませんでした。

そのような中、テキサスのオースティン（Whole Foods本社所在地）にいる女性バイヤーとメッセージのやりとりをしていました。ある日 Vanessa と私は、「今近くにいるから明日ランチに行かない？」と（その瞬間はニューヨークにいたのですが、でっち上げて）食事に誘ったのです。

すると彼女は返事をしてくれて、「いいね、明日ランチに行こう」と返事してきました。

すぐに Vanessa がオースティン行きの飛行機チケットを購入して、次の日の朝、早く起きてシェフと一緒に私たちのすべてのソースを料理し、タッパーに詰めてランチに行きました。

このバイヤーはすべてのソースを試食して、「ああ、これは素晴らしい」と言ってくれました。結果として、このランチ会議がきっかけで私たちは Whole Foods に入ることができました。

Whole Foods は、いわゆる大企業です。そこには多くの人々がいます。購買チームの誰かが私たちを気に入って紹介してくれても、全米を統括しているグローバルバイヤーからの最終承認を得るには、ある種の官僚主義的なプロセスがあるので非常に大変です。

届けたい物語は何か

マーケティングについては、創業から1年間、ほぼ社内で行っていました。その後、初めて専門的なPR会社を雇いました。このPR会社を通して、各メディアで良い記事を書いてもらったり、プレスリリースを配信したり、ジャーナリストにインタビューしてもらったりする機会が生まれました。さらに、有料広告にも投資しています。

ただ、Omsom が成功できたのは、「ベトナム難民の娘であるアジア系アメリカ人2人の姉妹が自身のアイデンティティに誇りを持って創業する」という非常に明確で伝わりやすいストーリーがあったからです。ジャーナリストも強く共感してくれて、ニューヨークタイムズやVogue、CNNの記事にしてくれました。

まずは、「**自分が消費者に届けたい物語が何であるか、それは多くの人に**

とって明確であるか」を確認すべきです。

強力なストーリーに加えて大切なのが、**素晴らしいデザインやビジュアルです。**

米国の消費者はビジュアルを重視しており、その商品が消費者や世の中に何を伝えようとしているのかを非常に気にしています。

人々がものを買うのは、それが手軽であり、自分の問題を解決してくれるからだけでなく、自分の価値観を表しているからでもあります。

商品の価値観や使命を確認できるのは、デザインやパッケージング、SNS、発信するメッセージのトーンなどを通してです。それらをすべて貫いて表現されているかどうかが大切です。ただ、これを実践することは容易ではありません。

「本物らしい」から離れる

日本のブランドが米国に進出する際の重要なポイントはいくつかあります。

まずは、「本物らしい（authentic）」ものでなければならないという考えから離れることです。

私の信念として、他国の味を広めている限り、完全に本物らしいものは存在せず、一般的な消費者としては知り得ない価値基準です。

しかし、味ではなく文化的な本物らしさに重きを置いてプロダクトを作る、つまり研究開発のプロセスにその背景を持つ人々を関与させ（Omsomの場合は各国料理のシェフパートナー）、その国から材料を調達し、その国の技術や手法を使用する。そうすれば、多くの消費者の心に響きます。

また、商品の名前や商品のパッケージングを通じて、より受け入れやすく、理解しやすくすることも重要です。

Omsomの事業を通じて得た最大の学びの1つは、まだアメリカ人は多くのアジアの味についての理解が浅いということです。したがって、彼らに馴染みのある言葉や名前を使う必要があります。

日系アメリカ人のJustin Gillは、日本風のバーベキューソースを「Bachan's Original Japanese Barbecue Sauce」として全米で販売しています。つまり、婆ちゃんのレシピで作った日本の昔ながらのBBQソースです。

私には、その味がどの程度「本物らしい」のかは分かりません。でも、実際のところアメリカ人はそれを愛しています。

そのメッセージは、ストレートでアメリカ人にとって非常に理解しやすく、心に共鳴します。それがとても大切なことなのです。

フードサービスから実店舗、小売へ——
複数の販売チャネルを攻める

「高品質な餅アイスクリームを作る」ことをコンセプトとするmochidoki。もともとは、レストランのデザートとして商品を提供し始めました。どんな戦略で各販売チャネルをどう攻めるかについて同社の前CEOに聞きました。

クラウディオ・ロカシオ　Claudio LoCascio

former CEO　mochidoki

ヘッジファンドのブリッジウォーターを経て、クラフトコーヒーのスタートアップ、Joyride CoffeeのCOOを務めたのち、mochidokiのCEOに就任。売上高の95%がレストラン向けだったのをEコマース中心に切り替え、4年で500%の売上高成長を達成。

　mochidokiは高級餅アイスクリームの会社であり、様々な販売チャネルで販売しています。

　8年前に事業を開始後、まずはフードサービス業界、つまりレストランへの販売からスタートしました。その後数年かけて、餅アイスクリーム専門の実店舗を出したほか、オンライン販売も手がけています。最近では小売店にも進出しました。

　当社の事業アイデアは簡単に言うと、餅アイスクリームのレベルを上げたい、というものでした。

　米国において餅アイスクリームは、主にレストランのデザートとして（例えば寿司コースの最後などに）提供される形で浸透していきました。また、同様に小売店においても一部のブランドが進出し、市場を拡大しました。

　餅アイスクリームは、「グルテンフリー」「ポーションコントロールされている（分量が多くない）」「1つ100kcal以下」など、アメリカ人が欲しがる特性を多く持ち合わせていたこともあり、人気を獲得していきました。

　ただ、入手可能なものがあまり高品質でないという問題がありました。よってmochidokiは、高品質な餅アイスクリームを作るということをコンセプトに立ち上がりました。革新的な味、理想的な触感などの品質を高めるこ

とで、他商品と差別化を図るという戦略をとりました。

餅アイスクリームは、「アメリカ人がよく知っているもの（＝アイスクリーム）」と「よく知らないもの（＝餅）」を組み合わせた点が面白いと思いました。

例えば、商談会で展示している際に、餅アイスクリームが何かよく知らない人と会話することがあります。その際に「これはアイスクリームです」と言うと、みんな理解して、喜んでテイスティングしてくれます。

そこにあまりの馴染みのない「餅」という要素がプラスされることで、みんなは何か新しいものと感じてくれる。そこに面白さがあります。

基本的に商品開発はすべてインハウスでやっていますが、最初期は外部専門家を何人か雇っていました。というのも、アイスクリームについてよく知る人、餅についてよく知る人はいたのですが、これらの要素を組み合わせることについてよく知る人は少なかったためです。

餅の触感や形状を維持しながら、中のアイスクリームを保つ温度管理など、初期の商品作りには専門家との協業が必要でした。

その後は、ほとんどの開発を社内で行うことができました。新商品のアイデアを考案したら、アイスクリームの専門家とともに、実際のアイスクリーム自体の配合を決めていきます。

委託生産者に製造を請け負ってもらうブランドが多い中、mochidokiは**すべての製造を自社工場で行っています**。その理由は2つあります。

まず、餅アイスクリームの製造委託先は米国にはあまりありません。

加えて、我々のコンセプトは現存の餅アイスクリームと比較して高品質の商品を提供することであり、委託製造したら我々の求める品質は実現できないと考えたためです。

なぜ最初から小売を攻めなかったか

また、なぜ最初から小売店を攻めなかったかというのにも、いくつかの理由があります。

まず、最初に商品を作り上げた時、自分たちの求める品質水準に達しているかどうかを検証したかったのです。

レストランのシェフは、自分の店で提供するものの品質を気にします。高

級店であればなおさらです。

消費者のニーズが高かったため、餅アイスクリームは多くのレストランでデザートとして提供されていました。ただ、レストラン自体が餅アイスクリームを製造することは困難だというのに、その頃に入手可能な餅アイスクリームは品質が低かった。

ハイエンドなレストランで素晴らしい料理が出されたあと、最後のデザートの質が低ければ、消費者は店に悪い印象を持ってしまうかもしれません。なので、高級な料理に釣り合う質のデザートを提供する、というストーリーは多くのレストランで受け入れられました。

また、**レストランは小売店に比べ、一度参入すると売上が安定する**という特性もあります。

小売店は、ある月は注文が入るがある月は全くないという現象が発生し得る一方、レストランはメニューがあるので継続して注文してくれます。

レストラン業界からの安定した売上は、工場の拡大や原材料の安定調達などによる事業拡大をもたらし、これにより、その他販売チャネルへの拡大余地を得ることができました。

著名なレストランにアプローチする際は、基本的には訪問営業しています。レストランに行き、「シェフと話をさせてくれませんか？」とお願いします。

実際のところ、シェフたちは店で出している既存商品に満足していなかったため、話はスムーズに進むことが多かったです。

加えて、小売店とは違い、**シェフは質が高ければ、ブランドとして認知されているかどうかは気にしません。**

シェフたちの反応は、非常にポジティブでした。商品性についての変更を求められることは全くありませんでした。

シェフの助言に従って改善したのは、パッケージングとフレーバーの選択です。

パッケージングについては、当初提案していたものより大きなトレーを導入し、何度も開封できて、密閉できる容器に変更しました。

また、フレーバーについては、コアラインナップに加えシーズンのラインナップがありましたが、これらはシェフからのフィードバックに応じて調整することがありました。

実店舗を設けた理由

こうした中、実店舗の餅アイスクリーム販売店を持とうと思ったのは、他のブランドとは異なる戦略だと思います。

先ほど述べた通り、私たちはフードサービスで成功を収めたことにより、商品の質については自信を持つことができました。しかし、消費者に認知されるブランド力がありませんでした。

私たちにとって**実店舗を持つことは、mochidokiをブランドとして確立するとともに、他社とは異なるプレミアム商品として差別化を図るために重要**でした。

パッケージデザインと同様に、店舗はすっきりとした最小限のデザインコンセプトを採用し、まるでジュエリーストアのようにしました。冷凍庫の中に、さながら宝石のような餅アイスクリームが飾られているのです。

消費者はこの店舗に来るだけで、mochidokiというブランドを理解し、プレミアム商品としてのポジショニングを感じ取ってくれると思います。

また、**販売のチャネルを増やすことは事業リスクの分散にもつながります。1つのチャネルに賭けすぎると、そのチャネルに影響を与える事象が起きた時、事業に危機が生じます。**特に、パンデミックのようなことが起きると、こうしたリスクが発現しやすいでしょう。

私たちの商品は、レストランでもEコマースでも小売店でも入手可能ですが、どのチャネルを介しても、消費者が一貫した体験を得られる必要があると思います。

過去に、実店舗のブランド力を利用して、その他の販売チャネルに参入しようとしているブランドの例を見たことがあると思います（例えば有名レストランのブランドを冠した小売向け商品など）。

ところが、消費者が実店舗との品質の差に気づいてしまうと、そのブランドに共鳴しなくなってしまうのです。

販売チャネルの選び方は、商品次第

　新興ブランドにとって、どの販売チャネルが最も儲かるかと言うと、ブランドによると思います。

　例えば、餅アイスクリームはEコマースではあまり儲かりません。というのも、冷凍の場合は輸送コストが高額になるからです。これが抹茶メーカーならまた話は変わるでしょう。

　また、先ほども言ったように、フードサービスは我々にとっては非常に儲かるチャネルです。発注が一定ですし、マージンも一定です。加えてプロモーション費用もかかりません。

　一方で、最も事業規模拡大のチャンスがあるのは小売店です。しかし、小売店が儲かる事業セグメントになるためには、時間もコストもかかります。

　主な要因は、プロモーション費用、スロッティングフィーのような参入コスト、ディストリビューターやブローカーなどの関係者に支払うコストです。売上規模が小さければ、これらのコストは容易に利益を圧迫します。

　小売店向けビジネスが儲かるようになるまでどれくらいかかるかは、ブランドによるところが大きいでしょう。流通チャネルが確立するまでは、なかなか儲からないと思います。少なくとも数年というところでしょうか。

　ただし、規模が拡大すればコストは次第に目立たなくなっていきます。小売店はひとたび商品の採用が決まれば、数百店舗の販路を獲得できる可能性もあります。

　したがって、どの販売チャネルが最も儲かるかについては、それぞれのチャネルの特性、ブランドの取り扱う商材、ブランドの資金力によるので、一概に語るのは難しいです。

　上記のような前提があるものの、新興ブランドはまず、Eコマースに取り組むべきだと思います。おそらくあまり大きな売上は望めないと思いますが、興味を持ってくれた顧客が、誰でもどこにいてもその商品にアクセスできるという状況を作ることは大事です。

　次に、もし商材がフードサービスに向くものであれば、フードサービスを目指すと良いでしょう。ただ、全く向かないものもあるはずなので、これはブランド次第です。

最後に小売店向け戦略ですが、おすすめなのはローカルで数店舗しかない小売店のいくつかに採用してもらうことです。

　その小売店で、商品のパッケージや価格設定が適切かどうかを検証します。そして商品の回転率のデータがとれれば、もっと大きな小売店にアプローチする際に実証データとして示すことができます。

　すでにmochidokiのCEOを退任しましたが、同社は小売店向けビジネスに力を入れていこうとしており、それは今後の成長余地と成長スピードを考えると妥当な戦略だと思います。

第 5 章

小売店には「ナチュラル系」と「コンベンショナル系」がある

この章では、米国の小売店の種類に着目してみましょう。

日本で少し高級な食品を買いたいと思ったら、成城石井や紀ノ国屋へ行くでしょう。同じように、米国にもハイエンドなスーパーマーケットがあります。

日本と少し違うのは、米国のいわゆる高級スーパーは「ナチュラル＆オーガニック」の色が強い場合が多く、これらのスーパーを総称して「**ナチュラル系**」と呼びます。それ以外のスーパーは、「**コンベンショナル系**」と呼ばれています。

「オーガニックな商品」とは、USDA Organic の認証を取得している、つまり USDA（米国農務省）の定める基準をクリアした原材料を使用した商品を指します。その一方で、「ナチュラルな商品」の定義はかなり曖昧です。

両者ともに「クリーンで体に良さそうな商品群」というイメージを持っておけば良いと思います（米国では Better-for-You という言葉をよく聞きます）。

「ナチュラル系」の小売店について、明確に定義づけするのは難しいのですが、**主に①チェーン、②コープ、③独立系の3つ**に分類されます。

①のチェーンは、Whole Foods Market（写真上）、Sprouts Farmers Market（写真下）、Natural Grocers、Fresh Thyme などが該当します。ナチュラル＆オーガニックが中心の品揃えで、50店舗以上の店舗数があれば該当するというイメージでしょうか。

1　Whole Foods Market 提供。
2　Sprouts Farmers Market 提供。

押さえておくべき米国の食農市場の構造　第　2　部

第5章　小売店には「ナチュラル系」と「コンベンショナル系」がある

表にある通り、「WholeFoods Magazine」の「Retail Insights 2023[3]」によれば、これらのチェーンストア（表の中ではSupernaturalsと区分されています）だけでナチュラル製品全体の売上の30％程度を占めており、かなり大きな存在感があると言えます。

ストア種別	店舗数	2022年のナチュラル系製品の売上	全ナチュラル製品売上における割合
Club Stores （Costco, Sam's Club, BJ'sなど）	1,418	$7,246,504,759	7.30%
Compact Grocers （Aldi, Natural Grocers by VC, Trader Joe'sなど）	3,024	$19,973,691,862	20.12%
Independent Retailers and Co-ops	5,699	$11,365,101,965	11.45%
Mass Merchandisers （Walmart, Targetなど）	6,646	$6,427,303,769	6.48%
Pharmacy Chains and Independent Pharmacies	61,823	$3,810,696,602	3.84%
Conventional Supermarkets （Kroger, Wegmans, Safewayなど）	40,425	$19,320,966,813	19.46%
Supernaturals （Whole Foods, Sprouts, Fresh Thymeなど）	1,172	$28,944,169,293	29.16%
Vitamin Chains （GNC, Vitamin Shoppeなど）	3,077	$2,174,683,007	2.19%
計	121,740	$99,263,118,071	100%

次に、②のコープは日本と同様、生活協同組合が運営する小売店です。日本には、私たちJAグループが運営しているAコープというスーパーがあります。

米国では、National Co+op Grocers（NCG）という全米の生協スーパーを束ねている組織があり、159の独立した生協が運営するスーパーが39州にわたって230店舗存在しています。

NCGは、あくまで所属する生協スーパーの総称であり、この名前を冠した店舗はありません。NCGは仮想的な本社として、統一された購買力や店舗運

---

3 WholeFoods Magazine "Retail Insights ® 2023 Retail Universe"
https://www.wholefoodsmagazine.com/articles/15993-retail-insights-2023-retail-universe-for-us-premium-natural-organic-food-supplement-and-personal-care-sales

営、広告プログラムを傘下の生協スーパーに提供します。

最後に、③の独立系は、1〜10店舗程度の地域型小売店です。

代表する組織として、Independent Natural Food Retailers Association（INFRA）があります。INFRA も NCG とよく似た構造になっていて、45州（に加えDCとプエルトリコ）にわたって300以上の独立系小売店（500店舗以上）が会員になっています。

こちらも同様に、INFRA は総称にすぎず、統一された購買力や店舗運営、広告プログラムを傘下の小売店へ提供する仮想的な本社として機能します。

INFRA に所属せず独立系で展開している小売店も多く、ロサンゼルスを中心とした Bristol Farms、オレゴン州を拠点とする New Seasons Market は有名です。新興勢力では、ハリウッド周辺を中心に展開する Erewhon はかなり注目されています。

ナチュラル系という名前が示す通り、この系統のリテーラーは原材料に厳しい制約があることが多いです。

Whole Foods の禁止原材料リストは、JETRO が日本語でまとめてくれています[4]。その中身を見ると、人工甘味料や食用の色素、保存料などの取り扱いが禁止されています。ナチュラル系をターゲットに米国進出を検討するならば、少なくとも Whole Foods の禁止原材料リストを確認しておく必要があるでしょう。

取得すべき認証は？

加えて、認証についても触れておくと、ナチュラル系の製品でよく見るのは USDA Organic と Non-GMO（遺伝子組み換え食品の不使用）です（写真）。必ずしも必要ではありませんが、取得することが望ましいです。

最近ではグルテンフリーやコーシャ（ユダヤ教徒が食べられる食品を示す認証）などを取得している商品も多く見受けられます。

4　JETRO、農林水産・食品部農林水産・食品課ロサンゼルス事務所「主要グロサリーストアの食品サプライヤー向け調達条件調査（米国）」
https://www.jetro.go.jp/ext_images/_Reports/02/2020/d5dd01063737602d/supplierguidelines_us202003.pdf

コラム　認証について

　各種認証について、どれを取得すべきか、予算に制約がある場合はどれを優先すべきか、第6章のインタビューにも登場するSan-J Internationalの佐藤隆氏に聞きました。

　　認証取得の切り口としては、①レシピの組みやすさ、②規制対応に沿った生産設備の準備しやすさの2つがあります。
　　認証の取得コストで言うと、作業も含めてですが、ビーガンやグルテンフリーは比較的安いです。一方、あくまで数千ドル単位ですが、Non-GMOとコーシャは比較的高いです。
　　ビーガンとグルテンフリーの認証プロセスは、原材料を提出し、最終商品で検出検査する、というのが大まかな流れです。一方、Non-GMOは原材料メーカー側にすべて証明書を出してもらわないといけないため、そのコストと手間が結構かかります。
　　当然ながら、食品の構成要素によって、ビーガンとグルテンフリーのハードルは全く異なります。ドリンクであればいずれも簡単ですが、カレー屋さんがビーガン、パン屋さんがグルテンフリーを取得するのは当然難しい。
　　コーシャを取得するには、ラビ（ユダヤ教の聖職者）に工場に来てお清めをしてもらい認証を得るというプロセスがあります。商品ベースではなく、工場ベースでの認証になります。
　　例えば、「明日からカレーを作るのでビーフエキスを使います」となったら、それによって汚染されてしまうということでコーシャの認証が失効してしまいます。そうなると再度ラビに来てもらい、工場をお清めしてもらう必要があります。
　　なお、米国ではコーシャがかなり一般的になってきているので、例えばBBQソースやマヨネーズのような米国で一般的な食品を作る時に、コーシャ認証を取得するための原材料を調達することは、そこまで大変ではありません。
　　一方で、米国で一般的でない商品、例えば「めんつゆを作ります」

という時に、コーシャ認証の鰹節や昆布だしが調達できるかと言うと、一気にハードルが高くなります。もともとそれらにコーシャを求めている人が少ないため、原材料の選択肢が少ない。これはNon-GMOも同じです。

取得プロセスが容易だが、ある程度消費者からも注目してもらえるという意味で言うと、グルテンフリーやNon-GMOはコストパフォーマンスが優れているのではないかと思います。

また、USDA Organicは、使用する原材料の種類や調達ルート次第だと思います。例えば、醤油であれば大豆と塩とアルコールしかないので比較的容易ですが、原材料が増えれば増えるほど大変になります。

ある時、日本の三重県でオーガニックの醤油を造れるかを検討しました。有機の大豆は調達可能だったのですが、オーガニック認証をとっているアルコールが調達できず、断念したという経験があります。

物量が多く低価格志向のコンベンショナル系

続いて、「コンベンショナル系」の説明に入りましょう。「従来の」という訳語が示す通り、**従来から存在する一般的な小売店**を指します。

代表的なものでは、Walmart、Target、Krogerなどが挙げられます。ちなみに、WalmartやTargetは食品以外の雑貨なども多く扱うため、マスマーケットというジャンルに分類されたりもしますが、グロサリー（食料品）の括りだけで見れば、コンベンショナル系に分類されると言えるでしょう。

コンベンショナル系は、ナチュラル系と比較して物量が多く、かつ付加価値の高さはナチュラル系ほど求められない（＝より低価格志向）という点が特徴だと言えます。

ただし、コンベンショナル系は、ナチュラル系に分類されない小売店がほぼすべて該当することになります。そのため、高価格帯で付加価値の高い商品を取り扱うスペシャルティストア的なところから、価格の安さに比重を置

いたディスカウントストア的なところまで、幅広い種類の小売店がコンベンショナル系として括られます。

例えば、スペシャルティストア的な色が強い小売店としては、テキサス州のCentral Marketや、東海岸中心に展開するWegmans Food Marketsが挙げられるでしょう。ナチュラル系のように「ナチュラル＆オーガニック」色が前面に出ているわけではありませんが、趣のあるハイエンドな品揃えに特徴があります。

高付加価値商品を取り扱う食品メーカーは、ナチュラル系に次いで、スペシャルティ色の強いコンベンショナルチャネルを目指している印象があります。一方で、ディスカウント的な色が強い小売店は、Every-Day-Low-Price（EDLP）で有名なWalmartや、ドイツ資本のALDIなどが挙げられるでしょう。

それでは、廉価商品の取り扱いが多いコンベンショナル系は、一部のスペシャルティストアを除いて高付加価値商品の販路とはなり得ないのでしょうか？　そんなことはありません。

図5-1を見てみましょう。New Hope Networkがまとめた健康志向の商品（≒高付加価値商品）の動向です。左の棒グラフが、健康志向の商品と従来型の商品のマーケットシェアです。従来型商品が75%と大半のシェアを占めています。

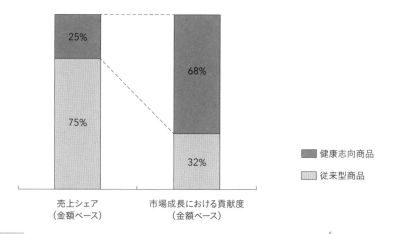

図5-1　全食料品売上における健康志向製品と従来型製品のシェアと成長率[5]

5　New Hope Network「State of Natural & Orgainc 2022」を参考に筆者作成。

右の棒グラフに目を移すと、こちらは市場成長のシェアを示しています。マーケットシェアとは逆に、市場の成長を健康志向の商品が牽引しているという結果になっています。

　前出の「WholeFoods Magazine」の「Retail Insights 2023」によると、高付加価値商品の売上成長率において、Mass Merchandiserが8.11％、Conventionalが6.48％と、ナチュラル系と比較しても高い水準となっています。

　これを総合的に考えると、**健康志向の食品は、ナチュラル系はもちろんのこと、むしろコンベンショナル系においてシェアを拡大している**と理解することができます。

　特にコロナ以降、改めて健康が意識され、健康志向の食品のニーズは高まっていると言えます。

　例えば、コンベンショナル系のKrogerは、基本的には従来型の大衆向けアイテムを取り扱っていますが、ナチュラル＆オーガニックを謳った自社プライベートブランドSimple Truthも取り扱っています（写真）。テキサス州を中心に展開するH-E-Bでは、多くの店舗でHealthy Livingというナチュラル製品やサプリメントを取り扱う特設コーナーを設けています。

したがって、高付加価値商品を取り扱っている場合でも、コンベンショナル系に販路を持つシナリオを検討できると思います。

第1章のインタビューに登場したITO EN（North America）の本庄洋介社長は、このように語っています。

日本では、全国で商品を展開して売るということは普通にあると思いますが、米国ではそれはありません。

超ローエンドで売ってしまったら、ハイエンドで同じものが売れなくなります。だからこそ、「お～いお茶」のブランドをいい値段で買って飲んでくれる人が集まるところで売らないといけません。

もともと私たちが米国に来た頃、いわゆるヒッピーだった人たちがWhole FoodsやTrader Joe's（トレーダー・ジョーズ）を作っていき、ナチュラル系というカテゴリができました。

ただ、今ではナチュラル系という境界線が曖昧になってきています。足元では、WalmartもWhole Foodsなどに負けないようにナチュラルカテゴリを取り扱い始めているので、弊社としてもそちらにガッチリ入っていく取り組みを始めています。

Costcoに代表されるクラブ系

これまでナチュラル系とコンベンショナル系のスーパーを紹介しましたが、それに加え、もう1つ「クラブ系」というジャンルがあります。

メジャーどころでは、皆さんもご存じであろうCostco、そしてWalmart系列のSam's Club、東海岸を中心に展開するBJ's Wholesale Clubです。いずれも会員制の小売店であるため、クラブ系と呼ばれています。

クラブ系の小売店に共通する特徴は、**①会費制であること、②倉庫のような飾り気のない内装であること、③購入単位が大きいこと**（6個で1セットなど）。そのため、通常の小売店とはビジネスモデルが異なります。

会費を通じてベースとなる収益を獲得し、内装や商品設置を極力合理化することにより、他の小売店よりも低価格で商品を供給することができます。

非常によく似たセクターに、「**キャッシュ＆キャリー**」があります。こちらはBtoB中心のビジネスであり、顧客は小売店やレストランのバイヤー、シェフなどで、プロ向けの業態となっています。Jetro Cash & Carry や Restaurant Depot などがメジャーどころです。

　クラブ系は物量が多いので、参入できればかなりの売上につながります。また、上記のビジネスモデルから想像できると思いますが、一般的な小売店と比較し、小売店側のマージンが低い。

　付加価値の高い商品についても、食品メーカー側で一定程度のマージンを確保しながら、消費者が手にとりやすい価格で販売していくことが可能なチャネルと言えるでしょう。実際、米国のCostcoに行くと、かなりの頻度でナチュラル＆オーガニックに該当するような商品を見かけます。

目指す小売店を決めて、戦略を立てる

　クラブ系以外にも、セブン-イレブンやサークルKなどに代表される「**コンビニエンスストア**」、CVSやWalgreensに代表される「**ドラッグストア**」、Dollar Tree や Dollar General に代表される「**ダラーストア**」（1ダラーで買える店＝日本で言う100円ショップ）などがあり、大きな市場規模を持っています。ただ、食料品としての色は薄めなので、ここでは詳細について触れません。

　なお、巻末の付録1に、米国の小売大手のリストを掲載しているので、ご参照ください。

　さて、ここまでお話した内容を踏まえ、皆さんが目指すのはどのジャンルの小売店でしょうか？　ただがむしゃらに米国を目指すよりは、ターゲットを決めて、そこに向かって戦略を立てていくことが重要だと言えるでしょう。

いまや全売上の9割が米国向け――
自社セールスから始まった市場開拓

「ザ・ジャパニーズ・グルメ・ストア」を掲げるサンクゼール。いまや売上の9割を米国市場が占めます。飛び込み営業と戦略的なM&A、そして危機下で得られた強い結びつきによって、市場を開拓していった道のりについて聞きました。

久世直樹　Naoki Kuze
President & CEO　St. Cousair, Inc.
カリフォルニア大学デービス校 醸造学科専攻卒業。2017年より現職。2023年より株式会社サンクゼール 取締役副社長を兼ねる。Portland Japanese Garden Board of Trustees。

　私たちは、日本で久世福商店という「ザ・ジャパニーズ・グルメ・ストア」をコンセプトにした店を展開しています。

　そして米国流通ブランドであるKuze Fuku & Sonsを立ち上げたのが、2019年1月です。

　当社の米国事業が始まったのは2017年4月頃、西海岸のオレゴン州の果実加工工場をM&Aし、事業継承をした時でした。

　私はそのさらに2年前の2015年に、次の成長戦略を描こうとひとまず先にカリフォルニア州に拠点を移しました。この際、売りに出されている食品工場を多く見て歩きました。

　カリフォルニア州で、あるジャム工場が売りに出されていましたが、多くの果物原料がオレゴン州から仕入れられていることが分かりました。そこで、探索エリアをカリフォルニア州だけでなくワシントン州、オレゴン州、アイダホ州などに広げました。すると運よく、オレゴン州ニューバーグにある現在の工場にたどり着きました。

　当時から、「当社の美味しい商品を米国人に広げたい」という思いはありました。ただ、このM&Aを進めることができたのは、オレゴンの美味しくリーズナブルな原料で作った商品を日本に輸出し、当社が展開している店舗網で

販売するというスキームが成り立ったからです。

特に、夏場に雨が少なく気候が良いオレゴン州では、多くの果物や野菜がオーガニック認証を得ています。そのため、オーガニック商品をリーズナブルに製造することができました。

その頃、日本では多くのオーガニック商品がとても高く販売されていたので、私たちは競争力のある価格で自社販売網を活用して差別化できると考えました。

オーガニックのブルーベリーコンポートや、健康飲料の「オーガニック飲む酢」、そして「いちごミルク」など、日本でヒット商品を生むことができました。

さらに、オレゴン州政府からの熱いラブコールを受け、背中を押してもらったことも大きな要因の1つです。

ライセンスのことや、補助金や人脈など、買収が完了して操業開始するまでの1年程度、政府が様々なサポートを続けてくださいました。Kate Brown前州知事は、日本の本社に遊びにきてくださったり、オレゴンの開所式に駆けつけてくださったりしました。

その後、コロナ禍を切り抜け、2022年から急激な円安局面に差し掛かり、思い切って日本向け製造を減らしました。2023年12月現在、全売上のうち米国市場が9割程度で、日本への輸出は10%程度。米国市場開拓に力を入れています。

最初は自社セールスしか選択肢がなかった

当社は米国事業を立ち上げた当初から、日系輸出入商社との取引はなく、自社で貿易とセールスを行ってきました。

最初は、数アイテムからのスタートでした。右も左も分からず、米国で流通するために問屋に流通してもらいたいと思って、意気揚々と商談を申し込みました。

しかし、Kuze Fuku & Sonsの米国での取り扱い店舗はゼロで、相手にしてくれる問屋さんはありませんでした。最初から自社セールスにこだわっていたわけではなく、それしか選択肢がなかったというのが正直なところです。

そこから私たちは、地元のパン屋さんや小売店、スーパーマーケット、レストランなどに飛び込み営業を繰り返しました。少しずつですが、取り扱ってくださるお店が増えていきました。

直接アカウントを開設しては、自分たちで配達する、郵便で送るなどから始めました。

今考えると、この直接販売がとても良かったです。というのも、小売店やスーパーマーケットの需要やお困りのこと、私たちの商品の反応を直接聞き取れたから。それを新商品開発や販促企画、試食販売、パッケージデザインなどに活かすことができました。

その繰り返しを続けてきましたが、今では、約60アイテムの商品を取り扱うまでになりました。

自社工場を持つことのメリット

現地に自社工場を持つことができたのは、非常に良かったと考えています。

現地生産することで、リードタイム短縮、商品の美味しさの改良など小回りが利きます。そして、何よりも価格競争力を生み出すことができます。

また、米国では「Produced in USA（アメリカ産）」というのが効果的で、米国人消費者から評価されます。日本人が日本産を好むのと同じ感覚です。

当社では、米国で製造できるものはできる限り米国工場で製造しています。ただし、日本製造だからこそ価値や生産性が高い商品も多いです。

その一例が、当社の定番商品であるTraditional Umami Dashi（万能だしパック）です。こうした商品は、米国での製造は難しいですし、逆にコストアップになってしまいます。

日本で製造されたこだわりの高い商品は、米国人にも求められているので、マーケティングやパッケージ、小売店での展開次第でヒット商品に育てることも可能だと思っています。

一緒に汗をかき、チームとなる

　人員体制としては、M&Aから始めた事業なので、従来のスタッフやマネジメントを引き継ぐ形でスタートしました。

　M&A後は、夜中まで従来スタッフと膝をつき合わせ、対話し、ビジョンや改善プランを共有しました。

　日本向けの商品製造も増えてきた時に、少なくない新規従業員を採用し、時間をかけて教育しました。おかげで、技術力もついてきました。

　しかし、1年くらい経過した頃、製造スタッフ20人のうち15人が退職してしまったのです。

　南米から出稼ぎに来ている移民系の方たちが労働ビザを取得せずに働いていたケースも当時多発していました。トランプ政権時に取り締まりも強化されました。

　そこで駐在員や事務員、私も含めみんなで工場に入り、補強することで、製造稼働を大きく落とすことなく、何とか難を逃れることができました。

　現地の従業員と日本から来た駐在員、マネジメントが一緒に汗をかき働くことで、一体感が生まれた瞬間でもあり、今から考えるととても良い経験でした。

　サンクゼールの価値観や社風がそうですが、**ピンチの時にリーダーが逃げず、徹底的に汗をかいて働き、戦う。そんな姿に万国共通で感動する、熱が伝わることもある**のでしょう。

　このように会社で問題が起きた時には、幹部社員を自宅に招き、オレゴンの大自然に面した中庭で焚き火を囲みながら、問題解決に向けて語り合ったりします。コロナ禍の初期に多くの取引先から注文が途絶えてしまった時もそうです。

　不思議なことに、問題と向き合う静かな時間を仲間と過ごすことで、解決策などが生まれてきます。

コロナ禍で生まれた現地の絆

多くの取引先や顧客がコロナ禍初期に生まれました。それが最大のターニングポイントであり、私たちが米国に強いコミットメントを持って事業に取り組んだきっかけであったと思います。

オレゴン州では、2020年3月にState Executive Order（自宅待機規制）が発令されました。その前後で、オレゴン州政府から、手指消毒液（ハンドサニタイザー）やマスクが医療機関で不足していて病院関係者や患者が困っている、会社に余っているものがあれば送ってほしいと連絡がありました。

そこで、私たちの食品工場でハンドサニタイザーを製造することを即決し、2,000本の消毒液を病院や自治体、教会などに寄付しました。

どうしたことか、その後オレゴン州から連絡があり、寄付した分の何倍もの規模の消毒液を私たちから購入したいと発注書が届きました。

また、多くの消費者から、サンクゼール、Kuze Fuku & Sonsを応援したいと自社のECを通した注文が急増しました。

また、当時の小売店において、店員の皆さんもコロナ禍で怖がっていると思い、地元の小売店やスーパーマーケットに消毒液を1、2ケース寄付しました。そうすると、驚いたことに、私たちの商品の取り扱いを決めてくれたのです。

今、私たちの売上の多くを占めるのが、当時おつき合いを始めた小売店やスーパーマーケットになります。

私たちはこの時期、米国人の懐の深さや、人情味溢れる人間性などに感動し、会社としてもっと貢献し、日本の美味しさを米国人に届けたいという気持ちが強くなりました。

顧客セグメントに合わせて戦略を立てる

米国の消費者と言っても、本当に多くの顧客セグメントがあります。

日本であれば、所得水準や性別、年齢などになりますが、米国には多様性溢れる、異なるルーツを持った人たちが世界中から集まっています。

なので、どのセグメントの顧客層にターゲットを定めるのかが重要だと考

えています。

　私たちは、白人やアジア系などメインストリームの米国人をターゲットに展開をしたいと思っています。当然そうなると、**商品の味わい、パッケージデザイン、マーケティングのコンテンツもその顧客セグメントに合わせ、時間をかけて作り込んでいきます。**

　Kuze Fuku & Sons の商品を見ていただくと分かりますが、中身の商品は一緒でも、久世福商店のパッケージデザインとは明らかに違うものがあります。

　開発する中で、多くの試食会を開き、米国人の従業員やお客様の声に耳を傾けるようにしています。

　一方、販売チャネルごとの攻め方については、そこまで意識したことがありません。

　もちろん、私たちがターゲットにしているハイエンドやミドルエンドの小売店やスーパーマーケットに来るお客様の多くが、健康志向が高く、少し高価でも体に良いものを好む傾向があります。

　そういう顧客層に届くように、添加物不使用でよりシンプルな原料で作った、いわゆるクリーンラベルの商品開発をし、またはグルテンフリーや Non-GMO などにも気を遣っています。多くのナチュラル系小売店は、これらの商品設計が前提の採用になっています。

　前述の通り、私たちは初め、問屋を通した展開ができなかったことで、自社営業、自社物流を行ってきました。それも、コンベンショナル系やナチュラル系といったカテゴリをそこまで意識しなかった理由かもしれません。

　目の前にある、流行っている米国スーパーに飛び込み営業をして、サンプルを渡して、試食会を開き、商品を置いていただく──これを繰り返してきたからです。

　米国ではいわゆるナチュラル系問屋のツートップである UNFI や KeHE と取引をすると、自然とナチュラル系スーパーに流れていくということもあると思います。そういった背景からも、あまり意識することはなかったのかもしれません。今では、販路が増えてきたこともあり、問屋の取り扱いも増えてきました。

新商品は顧客との対話から生まれる

新商品開発の起点は、顧客との対話から生まれることが多いです。

大手スーパーマーケットのバイヤーとの会話で、「今、○○カテゴリの××味について商品を探している」とか、「旅行で日本に行った時にすごく美味しいデザートがあって、こんな商品が欲しいと思った」といった何気ない会話の中からヒントを得ます。

私たちのブランドコンセプトは、「Premium Japan Brand」であるため、どのチャネルに何を作るかというよりも、**自分たちのコンセプトに沿った商品であれば何でもトライする**ようにしています。

「ゆず胡椒ソースのようなものが欲しい」と要望があった際も、2週間後にはバイヤーにサンプルを送ってやりとりを進め、1アイテムだけで60パレットほどの採用が決まったこともあります。

これまで年間で15〜20アイテムほど開発していますが、新商品のお披露目は全米のスーパーマーケットのバイヤーが集結する、食品展示会で行います。Fancy Food ShowやNatural Products Expoなどが有名です。

JETROがJapanブースを押さえ、日本の食品メーカーを集結させ出展しています。また、直接それぞれの展示会の事務局に問い合わせをして出展することもできます。

出展料は安くありませんが、ここで得られたバイヤーリストに順番にフォローアップしていけば、大きなチャンスが生まれます。私たちも、こうした展示会で顧客開拓することができました。

M&Aによって得られたもの

2021年にBokksu社に出資し、2023年にはPortlandia Foodsを買収しました。

Bokksuは、日本のお菓子の詰め合わせをサブスクリプション形式で米国白人層に届けるサービスを展開し、急成長していました。日本を含めたアジア食品をオンラインで購入できる「Bokksu Market」をコロナ禍で立ち上げ

---

6 https://www.bokksumarket.com

る時期に出資をしました。

お菓子やカップラーメンなど多くの商品の取り扱いがありますが、**米国人がどのようなアジア食品を好んでいるのかというトレンドを知ることができ、私たちの商品開発に活かされています。**

Portlandia Foods は、特にワシントン州、オレゴン州、アイダホ州などで知る人ぞ知るオーガニックケチャップの食ブランドです。このエリアの小売店での占有率も高く、Kuze Fuku & Sons とのクロスセルなどが可能になります。

また、我々だけでは会うことのできないような、米系チェーンスーパーのバイヤーなどへのアプローチもできます。さらに、当社は米国で食品工場を運営しているため、稼働率を高めることで収益性を高められるといった意図もあります。

まずは一歩を踏み出す

米国進出を検討している日本企業に向けて、あまり無責任なことは言えないのですが、少なくともサンクゼールにとって、「これをやって良かった」ということをお話ししたいと思います。

いろいろと考えたうえで、まずは米国や海外事業に一歩踏み出したこと。

言葉も文化も違う海外で、自分たちの商品を製造したり、販売したりするとなると、怖じ気づいてしまうかもしれません。しかし、いろいろありましたが、あとから振り返れば何でもないようなことも多かった気がします。

少なくとも私たちにとっては、たくさんの困難はありますが、米国に一歩踏み出したことで見えてきた新たな世界があったし、進出して良かったと思っています。

そのうえで、**サンプルを持って自分自身で飛び込み営業してみる**ことをおすすめします。これは、進出前でもできることかもしれません。

進出前、私たちはカリフォルニアのナパバレーなどを視察訪問する際、ワイナリーのスタッフにも自分たちの商品を食べてもらい、感想を聞いたりしていました。

当時、宿のキッチンを借りて、豆腐ドーナツや大学芋を作って配りましたが、とても好評で、「ああ、米国人も大学芋が好きなんだ」と日本人として誇

104

らしく思い、やる気が湧いてきました。

　飛び込み営業に行くと、多くの場合、店長が話を聞いてくれて、サンプルを手にとってくれます。

　片言の英語でも一生懸命、身振り手振りで話をすると、バイヤーを紹介してくれたり、「こんな商品が売れているよ」とアドバイスをもらえたりします。そこでのヒアリングによって、新たな商品開発のアイデアが生まれることがあります。

　最後に、プライドを捨てることを意識的にやっていたかもしれません。

　どんなに日本で偉大な食品ブランドであっても、たいていの場合、米国では知名度が低い。泥臭く、一人でも多くの米国人に購入してもらうこと、そして日本の素晴らしさを米国人に伝えていくことに喜びやパッションを感じること。

　そういった気持ちで努めていると、1店舗で商品採用が決まった時、お店で消費者が私たちの商品を手にとり買ってくれる姿を見た時、手を叩いて飛び上がるほどの喜びと感動が得られます。

第 **6** 章

攻略が限りなく難しい「ディストリビューター」という存在

　米国小売市場において、日系・アジア系市場と米系市場の最も大きな違いは何でしょうか。それは、ディストリビューターの役割ではないかと思います。

　日系・アジア系市場の主要プレイヤーは、JFC、西本Wismettac、共同貿易、セントラル貿易です。

　これらの会社は、日系企業に対し一貫したサービスを提供します。日本サイドの輸出者（エクスポーター）、米国サイドの輸入者（インポーター）、輸入完了後の販売機能（セールス）、販路までの輸送（ディストリビューター）、このすべてを担っています。

　したがって、米国に進出していない企業でも、エクスポーターに円渡しで商品を販売できれば、その後一貫したセールス機能で米国に販路を持つことが可能です。

　一方で、米系市場を見てみると、まず、全米規模の主要プレイヤーはUNFI（United Natural Foods Inc）とKeHEの2社です。

　もちろん各地に地場のディストリビューター（リージョナル・ディストリビューター）は存在していますが、小売業界においては市場規模の8割をUNFIとKeHEが占めると言われています。したがって、大半の小売店において、主要ディストリビューターはこの2社のどちらかであることが多いです。

　日系・アジア系市場に慣れていると、最初にアプローチすべきはディストリビューターだと思ってしまう方が多いのではないでしょうか。

　ところが、「まずはディストリビューター」という考えのもと、UNFIやKeHEにアタックしても、事が前に進む可能性は極めて低いと言えます。というのも、**米系の大手ディストリビューターは、取扱商品を自発的に営業す**

ることがないからです。

　つまり、米系ディストリビューターは、面白そうな新規商品があっても、「お試しで商品を扱ってみて、売れるかどうか試してみよう」という発想はありません。すでにある程度のニーズが見えている商品しか取り扱わないということです（新興ブランドをサポートするようなアクセラレータプログラムに参加した場合や、コンテストで入賞した場合など例外はあります）。

　米系市場への参入について議論する時、しばしば**「鶏と卵」問題**がテーマになります。

　ディストリビューターへ営業に行くと、「取り扱いを決めてくれている小売店はあるか？」と聞かれます。「ない」と回答すると、「一定数の取り扱いを約束している小売店を集めてから来てくれ」と言われます。

　一方で、小売店へ営業に行くと、「UNFIかKeHEと取引はあるか？」と聞かれます。「ない」と回答すると、「取引が始まったら営業に来てくれ」と言われます。

　どこから営業に行けばビジネスにつながるのかが分からない、という課題がつきまとうのです。

まずは有力な小売店から攻める

　それでは、どこから営業するべきなのでしょうか？　答えは、「**ディストリビューターに取引を開始させる力を持つ小売店**」です。業界では、「**キーアカウント**」などと呼ばれたりします。

　もちろん、Whole FoodsやSproutsのような全国規模の小売店はキーアカウントですが、数店舗しかないような小さなリテーラーでもキーアカウントである場合があります。

　UNFIもKeHEも、全米にディストリビューションセンター（DC）を複数箇所持っていますが、地域ごとにキーアカウントが決まっています。そことの取引が決まれば、地域ごとにDCが使えるようになっていきます。

　1カ所でもDCが使えるようになれば、その地域のキーアカウント以外のリテーラーにも営業ができるようになります（つまり、「UNFIかKeHEと取引はあるか？」という問いに「はい」と回答できます）。

ディストリビューターと取引が始まらないと自由に営業もできないというのはいささか億劫で、「小売店と直接取引はできないのだろうか？」とお考えになる読者の方もいらっしゃるかもしれません。

これは実際、可能ではあります。私たちのネットワークの中でも直接取引を行っているケースは散見されます。ただし、かなり例外的と考えていただいて良いでしょう。

基本的に、小売店はディストリビューターを介して商品を仕入れます。小売店の立場になって考えれば分かりやすいと思いますが、食品メーカー1社1社と取引を行うよりも、1つの窓口に支払いや照会を行うことができた方が楽です。よほど小売店側が欲しい商品でない限り、直接取引することはそうないと思います。

ただし、一部の小売店は、逆にディストリビューターを使う方が稀という場合があります。これは、Walmartのように巨大であるがゆえに自社で配送網が確立できている場合や、Costcoのようにディストリビューターを介さないことがプライシングの前提（＝ディストリビューターにマージンを落とさない）になっているケースです。

加えて、取引が拡大した結果、直接取引となるケースもあります。Target、Kroger、H-E-Bなどコンベンショナル系の大手でも、基本的に商品の仕入れはディストリビューター経由となりますが、手間がかかってもペイするだけの規模感がある相手には、直接取引を開放します。この場合、食品メーカーは各社のDCに商品を直接配送することができます。

ビジネスの意思決定者は小売店サイドでありながら、物流のゲートキーパーとしてディストリビューターが存在している以上、彼らとつき合うことはビジネスにおいて必須となります。

売掛金が回収できない！

それでは、**ディストリビューターとのビジネスにおける難しさとは何でしょうか。それはズバリ、「売掛金の回収」です。**

ディストリビューターは宅配業者とは異なり、一度食品メーカーから商品を買い取って自分の在庫としたうえで、小売店へ販売します。つまり、食品

メーカーがディストリビューターに商品を引き渡した時点で、商品の所有権はディストリビューターに移ります。

そして、販売した商品の代金がいつ支払われるのかと言うと、米国では「2/10 Net 30」といった用語が一般的によく使われます。これはつまり、もし10日以内に代金を支払うなら2%割引された金額を支払い（「2/10」の部分、早期回収にかかる特典のようなイメージです）、最終支払い期限は30日以内（「Net 30」の部分）となることを指します。

UNFIやKeHEでも同様に、支払いに関する期日が決まっていて、これは各社のSupplier Policyに定められています。ただし、第9章のインタビューに登場するN.H.B Questの平子治彦氏によると、注意が必要です。

KeHEとUNFIへの請求書で指定される支払い期間は、基本的に「Net 30」ですが、平気で期限を超過し40〜50日になることも多いです。辛抱強く対応する必要があります。

弊社が販売代理店をさせていただいているメーカーに対しては、「代金回収は2カ月程度（Net 60）見ておいてください」と説明しています。

日本側の出し手（メーカー・商社）の財務リスク管理としては、当該キャッシュが入らないと資金繰りが回らない会社の場合、事業のサイクルに耐えられない可能性があるので要注意です。

では、待てば全額が支払われるかと言うと、必ずしもそうではありません。ディストリビューターから代金支払いに関する請求書が送られてくると、明細の中に得体のしれない項目がたくさん並んでいて、本来支払われる金額から何やらたくさんの項目が控除されているという事象がよく発生します。業界ではこれを**ディダクション**（Deduction、控除）と呼びます。

何がディダクションされるのかと言うと、例えば先ほど出てきた「2/10」です。ディストリビューターが1万ドルの代金支払いを10日以内に行えば、請求書ではその2%にあたる200ドルがディダクションとして表示され、トータルの支払い金額は9,800ドルとなります。

ディダクションの中でも特に金額が大きくなりやすいのが、プロモーション費用にかかるものです。

ディストリビューターは取扱商品の売上を伸ばすために、食品メーカーに対して定期的に商品割引を行うよう要請します。例えば「1カ月間すべての商品を15％引きにしよう」とか、「あのリテーラーに対してはさらに10％引きにしよう」とか。すべてを受け入れていると、どんどんディダクション金額が膨れ上がっていきます。

　また、すべてのプロモーション活動は販促のため（＝最終消費者がより安い価格で商品を手にとる機会につながる）にあるべきですが、ディストリビューターを介すと、そうならない場合もあります。

　例えば、ディストリビューターに対して15％の割引で商品を販売するプロモーションを1カ月間行ったとします。この時、食品メーカーとしては、15％の割引がそのまま小売店でも適用され、ひいては消費者が15％割引になった商品を手にとることを想像するでしょう。

　しかし、もしディストリビューターがセール終了間際に大量注文してきたらどうでしょう？　おそらくディストリビューターは、セール期間中にすべての商品を売り切れないでしょう。その結果、安く仕入れた商品をセール終了後に定価で小売店へ販売するという事象が起こりかねません。この場合、得をするのは消費者でなく、ディストリビューターです。

　また、セールを何度も実施し、ディストリビューターが安値で商品を仕入れる機会を与えすぎると、大量購入した商品がさばききれず、最終的にメーカーに返品されるリスクもあります（返品は当然ディダクションであり、売掛金から控除されます）。

　非常に判断が難しいものに、食品メーカー側が許可していないプロモーションがディストリビューターにより勝手に行われ、ディダクション項目に紛れているということがあります。

　これは業界では**「Unauthorized Deduction」**と呼ばれ、**この部分をいかに取り返せるかがポイント**になります。Unauthorized Deduction に対するクレームを上げるために、「Supplier Dispute Form」というフォーマットが各ディストリビューターで用意されています。

　第8章のインタビューで登場する Steve Gaither 氏は、「極端な話、KeHE や UNFI から600ページにのぼる費用控除を突きつけられ、メーカーが販売代金として受け取るべき総額よりもなぜか大きな費用控除金額の請求書が送ら

110

れてきたケースを知っている」と証言します。

　Unauthorized Deduction は、時間が経てば経つほど取り返すことが難しくなるため、とにかく早く行動することが大事だと言われています。

　実際、**食品メーカーの中にはUNFIやKeHEに対応する専任担当者を置いて、しっかりとディダクションを管理**（業界ではDeduction Managementと呼ばれています）**しているところも**あります。

2大ディストリビューター以外の選択肢

　ここまで読まれた読者の方々は、UNFIやKeHEとの取引に及び腰になるかもしれません。事実、彼らとつき合うことを敬遠する食品メーカーもあります。

　そういった場合は、**リージョナル・ディストリビューター**をパートナーとする手もあります。

　リージョナル・ディストリビューターは、特定地域のみで活動するディストリビューターを指しますが、UNFIやKeHEのような全国型と比較して、よりユニークな商品を食品メーカーと一緒になって営業してくれる傾向があります。「一緒に営業してくれる」というのは、大手ディストリビューターとの大きな違いです。

　また、最近は**オンライン・ディストリビューター**も精力的です。有名どころとしては、Pod FoodsやFaireがあります。

　オンライン・ディストリビューターの一番の利点は、「鶏と卵」問題を抱えずに済む点です。

　前述の通り、大手ディストリビューターはある程度の販売先の目処が立った状態でなければ取引を開始してくれませんが、オンライン・ディストリビューターの場合、そのような制約はありません。すぐに取引開始することができます。

　Pod Foodsの場合、Whole Foodsに次ぐ大手のSproutsに加え、近年注目度の高まっているErewhonやシカゴ拠点のハイエンドコンビニエンスストアFoxtrotまで、様々な小売店にアカウントを持っています。

　全店舗をカバーしているわけではありませんが、これらの小売店のうち、アカウントのある店舗に対してはディストリビューションのセットアップが

済んだ状態で営業をかけることができます。

また、オンライン・ディストリビューターの利点は、コスト構造がクリアである点も挙げられるでしょう。

UNFIやKeHEであれば、様々な不透明なコストがディダクションされますが、オンライン・ディストリビューターの場合、取引開始にあたるセットアップにはコストがかからず、もし小売店に対して商品の販売が行われれば、「売上金額に対して◯％のコミッションがチャージされる」というような仕組みになっています。

以上見てきたように、確かに、UNFIやKeHEと連携せずに米国で米系マーケットに参入していく方法はあります。しかし、本章の冒頭でも伝えましたが、UNFIとKeHEがほとんどすべての小売店の主要ディストリビューターとなっているため、どこかで取引を開始することは避けられないでしょう。

第4章のインタビューで登場したmochidoki前CEOのClaudio LoCascio氏も、UNFIやKeHEについて次のように語っています。

彼らは、ブランドの味方ではありません。しかし、結局のところ彼らのディストリビューションは非常に効率的です。

UNFIやKeHEほど多くのラインナップを多くの小売店に販売できる流通チャネルはありません。UNFIはWhole Foodsに商品を仕入れ原価+8％（UNFIの取り分）で販売します。これは驚異的にわずかなマージンです。したがって、彼らは小売店から儲けられない分をブランドから回収しなければなりません。

UNFIやKeHEとつき合うことは必要不可欠ですが、特にブランドの規模が小さい時、彼らはブランドに対して非常に優位な立場にあるため、ディストリビューターの動きをコントロールするのがより困難になります。したがって、より早く、より多くの小売店へ参入し、売上のボリュームを確保していくことがディストリビューターとのつき合いの鍵になるでしょう。

大手ディストリビューターとの取引の難しさを理解しつつ、「してやられないように」つき合っていくことが重要でしょう。

コモディティ化しない醤油を——
ニーズを拾い、独自の地位を築く

米国で醤油市場のトップを走るキッコーマンとは異なる戦い方で、「コモディティ化しない醤油」を展開するSan-J International。ディストリビューターの攻め方や現地製造することのメリットなどについて聞きました。

佐藤隆　Takashi Sato
President　San-J International
1972年生まれ。慶應大学卒業。1995年に味の素に入社し、加工用営業に従事。2001年に渡米し、San-Jに入社。2002年より現職。

　私の父は、三重のサンジルシ醸造という、味噌やたまり醤油などを製造販売する会社を営む家の次男として生まれました。長男が家業を継いだので、父はトヨタ自動車に勤め、海外で車の営業をしていました。

　1970年代は、日本製の車を含め、海外の日本商品に対する評価が上がってきたところで、日本の輸出が増えていった時代です。

　アメリカで車を売る際に顧客を接待するわけですが、父が使っていたお店は、ロッキー青木さんが創業したBenihanaでした。父とロッキーさんが高校の同級生だったからです。Benihanaでは、鉄板の上で肉を焼きますが、醤油で調味をしていました。

　当時、日本食に慣れた人が増えているとはいえ、まだまだマイナーでした。アメリカ人は肉が大好きですが、「Benihanaで醤油で食べるのも結構美味しいじゃないか」という反応がそこそこあったと言います。

　その時に父は、「トヨタで車を売るのも楽しいけど、アメリカ人に醤油を売ったらもっと楽しいんじゃないか」と思ったそうです。その後、トヨタを辞めて醤油の輸入販売を始めました。

　すでに米国では、キッコーマンさんが1950年代に現地法人を作り、1973年にウィスコンシンに工場を建てています。販売と現地生産という意味で、

大きく先を走っていたわけです。

　同じ醤油というカテゴリで、日系人に対して売り始めても勝てない。そう思った父親は、どんな立ち位置の商品にするのか、どんな差別化をするのかについて試行錯誤をしました。

　その時に父が出会った米国のトレンドが「ヒッピー文化」でした。ベトナム戦争を契機に広まったという話ですが、ベトナム戦争が終わったのが1975年、現地法人を作ったのが1978年ですから、ヒッピー文化が全盛期の時代でした。

　そして、このヒッピーの人たちは和食に対する嗜好性が非常に高かったんです。なぜかと言うと、**彼らは現代的なもの、合理的なもの、工業的なものを避けるという傾向がある。日本食は、その土地のものを食べる、四季に合わせた食材を食べる、あまり調味せず素材を活かす。そんな和食の元来のコンセプトが、ヒッピーの価値観とかなり近かった**のです。

　当時一般的に流行っていたのは、電子レンジを使って食べるとか、缶詰を食べるといった便利さを追求した食でした。ヒッピーたちの中には、「俺たちが求めているのは、もしかしたら和食なんじゃないか」と思う人たちが一定数いて、和食に対する関心を示しました。

　父はこのヒッピー文化が米国で1つのムーブメントとしてあるならば、「ヒッピーの人たちに合わせて醤油を造るというのもいいんじゃないか」と思いました。

　彼らが何を求めるかを考えると、オーガニックだとか、保存料を使わないとか、そういった商品設計が必要でした。そうして商品を開発し始めたというのがビジネスの始まりです。

Whole Foodsは3店舗しかなかった

　現在、我々の主力販売先となっているWhole Foodsは1980年創業です。

　創業当初は3店舗しかなく、キッコーマンさんのようなメインストリームのメーカーが追いかけるにはあまりにも小さい市場だったと思います。

　だからこそ、我々がWhole Foodsに入っていったという背景があります。**同社が大きくなってくれたことが、結果として、我々には追い風になりました。**

3店舗だったのが10店舗になり、100店舗になり500店舗になると、社会的な影響も出てきます。そんな中で、コンベンショナル系スーパーも「ナチュラルやオーガニックの商品を置かないといけない」と考えるようになりました。

　ただ、彼らはこの分野の商品にあまり知見がないので、一から学ぶよりも「Whole Foods に行って、そこに並んでいる商品をそのまま買えば良いじゃないか」ということを考えます。

　もちろん、我々の営業成果もありますが、Whole Foodsのような各地の有力ナチュラル小売チェーンがある種のショーケースになってくれて、結果として我々の商品を引っ張ってもらった形になりました。

現地に工場を建てた理由

　輸入販売を始めてから9年後に工場を作りました。

　我々の商品の大きな柱は、今でもたまり醤油ですが、有機のラインと有機でないラインの2つに分かれていて、それぞれ減塩のものがあったり、減塩の度合いがさらに大きかったり、いくつかバリエーションがあります。

　輸入販売していた頃は、日本で作っている「有機でないたまり醤油」しかありませんでした。こちらで工場を作ってから初めて「有機のたまり醤油」を製造し始めました。

　日本製造で米国向けの認証をとるのはハードルが高いです。だから、米国で認証が必要な有機の商品などは、現地に製造拠点ができてから開発しようと考えたわけです。

　売上ゼロから工場を作ると、当たり前ですが、初年度は稼働率ゼロなわけです。稼働率ゼロのアセットを抱えると、売上がないのに減価償却が発生して、嫌でも赤字になります。ここは皆さんが頭を悩まされるところでしょう。

　日本の生産拠点で作った商品を輸出で引っ張ってくれば十分活用できるし、当面はそうした方がいいのではと思っています。そこである種の「のりしろ」を作ることが現地製造化をスムーズにするポイントです。

　我々のざっくりとした目安としては、「輸出で引っ張って、新しい工場を現地に作り、輸出事業を移管した時点で、稼働率が大体3〜4割は埋まるくらいがちょうど良い」。

逆に言うと、「稼働率3〜4割くらいまで引っ張ったら、そこで初めて10割の生産キャパシティの拠点を現地に作ることができる」という考え方をしています。

　そうすると、初年度からある程度PL（損益計算書）も読めるので、事業計画も立てやすいかと思います。

　当社の場合、2015年の時点で、三重県のサンジルシからの輸入量が相応にありましたが、工場の完成時点ではさらに大きな輸入量になると見込んでいました。

　マクロで言うと、基本的に日本はどんどん市場が縮小していくので、それに伴い日本の生産余力は増していく。「だんだん増えている生産余力を輸出分で引っ張って、輸出先で新しい工場ができた時に、それを移管する」という動きは理にかなっているのではないかなと思います。

　もちろん、米国に工場を出すために、新しい人を雇用して新しい設備を入れるとなると、そちらの都合に合わせないといけないので難しい。なかなかタイミングが合わないのが常なので、その日米のパズルを合わせるのは大変です。でも、根本の発想としてはそういうことです。

　輸出で引っ張れば引っ張るほど、諸々の物流費含めてPLは悪化しますが、BS（貸借対照表）が大きくなることを避けられます。

　一方で、早めに工場を建てると、もちろん減価償却の規模にもよりますが、ある程度PLは作れても、BSを抱えるというリスクがあります。

　このBSとPLのリスクのバランスをどうとるかという点では非常に頭を悩ませました。

小売とフードサービス、それぞれの攻め方

　小売チャネルと外食（フードサービス）チャネルの攻め方の違いは、プロダクトによって異なりますし、外食については、我々は5年ほど前から力を入れ始めたばかりなので、まだまだ学んでいる状況です。

　とはいえ、確かにいくつか違いはあります。

　例えば、商流を作るプロセスで言うと、外食は相手が大きいか小さいかにかかわらず、小売と比べて1つステップが多いと思います。つまり、**外食の**

場合は、サンプルを送って見てもらうという、「**商品を評価する**」プロセスがあります。

　一方、米系の小売はこの「商品を評価する」というプロセスがなく、最初からバイヤーと交渉して完結します。

　もちろんバイヤーによっては、味を見てくれるところもなきにしもあらずですが、ほとんどのところは見ません。

　メーカーとしては「美味しいから試してみて」と言いたくなりますが、味見をしたかどうかで結論が変わることは、今までで一回もないかもしれません。特に大手であればあるほどその傾向は強いです。

「味見のプロセスはないという前提でしっかりと準備をする」ことが重要です。

　では、**バイヤーが何を見るかと言うと、カテゴリの中での立ち位置と差別化ポイント**です。

　味見してもらえない中で、それをきちんと文章とデータで伝えられるような準備をしておくことが大切です。

　資料で興味を持ってもらい、そのうえで味を見て、例えば「キッコーマンと違うね」という段階を踏めたらラッキー。その段階がなくても、自分たちの資料だけで完結する商談にすることを、我々としては気をつけています。

　加えて、バイヤーからは「あなたはどんな条件をつけてくれるのか」と聞かれます。「年に何回販促します」「こういうことにこれくらいのお金を投下します」といったマーケティング・プロモーションについて説明します。

　よって、**バイヤーへのプレゼン資料は、①商品の差別化の内容、②販促のプログラムの２つで構成**されていることが多いです。

　我々は今、規模の小さいところからマス市場に入ろうという事業の局面なので、こういう話になります。

　でも、例えば「リージョナルの限られた店舗、インディペンデントの店から積み上げていく」という戦略をとるのであれば、最初は「バイヤーと一緒に味見会から始める」という入り方もあります。

　どういう戦略で市場に入りたいと思っているのかによって違います。

サンプルを試食してもらうには？

外食のチャネルを攻める場合はサンプルを送る、と先ほど述べました。小さな店であればシェフに送りますが、TGI Fridaysやマクドナルドのような外食チェーンであれば、研究開発（R&D）部門に送ります。

①R&D部門が味見をしてOKなら、②TGIFやマクドナルドのパーチェイスチームに移管されて、価格やボリューム的にOKなら、③フードサービス系ディストリビューターであるSyscoやUS Foodsにパーチェイスオーダーが入る、という流れです。

その時までにメーカーは、SyscoやUS Foodsのアカウントを持っていなくはいけません。また、ディストリビューターはいわば運送業者なので、「味見をして美味しかったから、マクドナルドなどに積極的に提案する」ということはありません。

外食チェーンのR&D部門にアクセスするための方法として、我々は今の時点では展示会がメインです。大きいものは、シカゴで毎年開催しているNRA（National Restaurant Association）の展示会などです。

小規模なものや、学校の栄養士さんだけのものもあり、エリアや業態で区切ったいろいろな展示会があります。

我々も毎月、何かしらに参加して、そこでリード（興味がある人の名刺など）をもらって、うちの営業担当があとで「あの時の醤油屋だけどサンプルはどこに送ったらいい？」というような話をしています。

これまでの取り組みを通じて、**「小売のようなマーケティングによる空中戦は、外食では効きにくい」**と感じます。印象としては、外食の方が手がかかります。

逆に言うと、営業の人員を雇えば雇うほど、ある程度比例的に伸びていくという感触も得ています。

あとは、「鶏と卵」のようなところがあって、興味のあるお客さんを見つけても、ディストリビューションが何もないと、結局、商流がつながらないということもあります。

外食のディストリビューターの特徴としては、最大手のSyscoですらマーケットシェア2割程度で、2番手のUS Foodsと合わせても全体の4分の1も

ありません。

　これは**地方の小規模ディストリビューターが無数にあるからです。**フィラデルフィアにはフィラデルフィアの北部地区だけを押さえているディストリビューターがいて、その地区のレストランは皆そこから買っているという構図が全米各地に広がっています。

ディストリビューターのアカウントを開くには?

　正直、SyscoとUS Foodsのアカウントを開けるのはとても大変です。地域で判断が異なるので、我々も全米でアカウントを開けるには至らず、「5年間やってようやくアカウントを1カ所開けられるか」といった感じです。

　例えば、マクドナルドの北東地区を獲得できれば、そこに月間何百ケースという商流ができるため、SyscoとUS Foodsがアカウントを開いてくれる。そんな小売のプロセスと同じようなことができるかと言えば、おそらくできますが、そのハードルは極めて高いという気がします。

　その理由としては、SyscoとUS Foodsのアカウントを開けるくらいの規模の案件だと、**外食の場合ほぼ必ず「ビッド（入札）」のプロセスが入る**からです。

　これは小売にはないプロセスです。どんなに小さなスーパーでも、小売は品揃えが重要だからです。

　他方、外食では、もちろんお酒などは異なりますが、キッチンで使う醤油などは基本的には1種類。マクドナルドなどもケチャップは1種類しか使っていません（安定供給の観点が入れば状況は異なります）。

　仮にそのビッドに勝てると大きなアカウントで商品が流れて、それをきっかけにUS Foodsのニューヨークの倉庫がアクティベートする（使える状態になる）みたいなことはあるかもしれません。

　しかしながら、我々は現在、「大きいところは狙わない」という戦略を敷いています。大手チェーンをとらなくても、レストランの数は星の数ほどあります（スーパーの数よりもよっぽど多い）。

　例えば、「キッコーマンさんがフォローしきれていない10〜20店舗規模のレストランはまだまだたくさんある」という前提のもと、細かいところを広げていくだけでも商売になるのではないかという仮説を立てて取り組んでい

て、実際に成果が出ています。

　特定の地域で約20店舗あるレストランで採用されれば、その地域の有力ディストリビューターが倉庫を開けてくれます。

　CPGはやはり競争が激しいですが、それに比べると外食はブルーオーシャンとまではいかずとも、まだ戦いやすいです。

　「日本の素材が欲しいけれど、どこから仕入れていいのか分からない」というレストランがまだまだあると思います。

　まだマイナーな商品で米系のディストリビューターが取り扱っていないもの、例えば「みりん」に関する話を最近はよく聞きます。

　我々のたまり醤油は、コモディティ化していないので安くはありません。利益率としては、外食の方が儲けているくらいです。先ほどの「大きいところはビッドになってしまい利益率が低くなるので狙わない」という方針を貫いているからでもあります。

　一方で、醤油もわさびも何十社とあり、コモディティ化しているチャネルでは価格競争になってしまうので、日系レストランの業務用となると薄利になるため、我々はあえて参入しません。

消費者のニーズをどう拾うか

　1999年のPOSデータで、ナチュラル市場ではSan-Jはすでにトップでしたが、約20年後にはどうなったか。

　トップ10のメーカーの半分以上は、圏外に転落してしまっています。コンベンショナル市場でその傾向がより強く、キッコーマンさんは常にトップのままで、San-Jはかつて3位だったのが2位になりましたが、それ以外のほとんどのメーカーは、トップ10圏外になっています。

　日本では、醤油は成熟業界なのでトップ10にはほぼ変動はありません。一方で、米系小売では比較的成熟している方だと言われるものの、実際はまだ動きの大きいカテゴリです。逆に言えば、切り口次第では、今からでもトップ10に入る可能性は十分にあると感じます。

　例えばWhole Foodsに行くと醤油のコーナーがあって、4段ぐらい取ってありますが、そのうち1段は醤油代替品、いわゆる「ソイフリー」商品が並

んでいます。

　我々はグルテンフリーを推してきましたが、最近は大豆をとりたくないという方も一定数います。そういう消費者のために、我々はエンドウ豆を原料にして「No Soy」という商品を出しました。これはSproutsの全店に並んでいて、少しずつ浸透し始めている状況です。

　基本的に工場の生産ラインをいかに活用するかという前提のもと、醤油に限らず、アジア食品のニーズを面で広げたいということで、テリヤキを出したり、ポン酢を出したりということをしています。

　どうやってニーズを拾うかと言うと、市場や競合を見るというのももちろんありますが、単純に**バイヤーとのミーティングの中で「次は何が欲しい？」と毎回聞きます。**

　象徴的だと思ったのは、2019年にある超大手小売とのミーティングで「次はゆずに興味あるんだよね」と言われたので、ゆずのポン酢を作って持っていった時のことです。

　その流れを振り返ってみると、この大手小売のやり方として、まずは有力なベンダーに「この商品が欲しい」という話をしておくんです。

　彼らのような業界リーダーだと、「○○社のトレンド予想」といった記事が出ることがありますが、2019年段階では、まだ「ゆず」とは言わない。商品が出てきて、もう店舗で売れるとなった時になって初めて、「ゆずが次に来るよ」という記事を作らせるんです。完全にマッチポンプです。

　そこで、すでにSan-Jに用意させたゆずポン酢を売り出す。その記事を見たほかの2番手、3番手の小売店が「うちも取り入れるか」と言って新しいカテゴリが業界としてできていく。

　なので、業界のリーダーや、インフルエンサー的なリテーラーからいかに事前にネタを拾ってくるかが大事で、とても気をつけて動いています。

Whole Foodsの和食コーナーは非日系ブランドがほとんど

　キッコーマンさんのようなメーカーや日本食レストランがこれまで頑張ってくれたおかげで、和食自体がすごく馴染みのあるものになっていると思い

ます。

　レストランで経験したからそれを家で作ってみたくて、食品スーパーで和食食材を買うというのが1つの流れになってきています。

　この流れは我々メーカー側にとっては非常にありがたいですが、その果実を日系メーカーがとれているかと言うとそうでないケースも多いと感じています。

　例えば、**Whole Foodsの和食のコーナーに置いてある海苔、鰹節、昆布、梅干しなどは日系ブランドでないものがほとんど**です。ただ、中身は日本から買っているかもしれません。

　こういうケースだと、ブランドを持っている非日系の販売会社が多くの利益を持っていってしまいます。このような商流に**日系メーカーが入り込むチャンスはある**と思います。

　いろいろな人の得意分野を持ち寄って、日系のメーカーと生産者が連携し、米国の消費者に届くところまでを一貫して取り組めると良いのではないかと思います。

小売店、ディストリビューターに入り込むための戦い方とは

「型を守りつつ、ローカライズする」という考え方でラーメンを展開するサンヌードル。Whole Foodsに商品を入れてもらい、ディストリビューターにアカウントを開くための戦略について聞きました。

夘木健士郎　Kenshiro Uki
President　Sun Noodle North America
ウィットワース大学MBA修了。サンヌードルにとって3カ所目の生産拠点をニュージャージー州に開設するほか、販売チャネルを東海岸、シカゴ、欧州の主要都市へと拡大し、現在Director of Europeも兼任。2014年、ザガットの「30 Under 30」に選出。

　サンヌードルを創業した父は、2003年にカリフォルニア州に工場を建てました。ただ、当時は問屋さんが商品を扱ってくれなかったので、自社でディストリビューションを始めました。

　自社で麺を作って、周辺のレストランに配送するというモデルで、数年間は頑張りました。2008年には共同貿易さんからお声がかかり、配送をお願いするようになりました。

　2010年にアジアンソサエティのラーメンイベントに参加したのですが、そこで初めてニューヨーク地域で当社の麺の評判が悪いという印象を受けました。そこで、2011年にニュージャージー州に引っ越し、同州で会社を立ち上げました。

　現在は、販売チャネルを大きく4つに分けています。**フードサービスは①米系（コンベンショナル）と②アジア系、小売は③アジア系と④ナチュラル＆クラブ**、という4つです。

　そのうえで、**全米の地域をA：東、B：西、C：セントラルの3つに分けて**います。

　アジア系は、日系のラーメン屋さんや日本人、中国人、韓国人の方が運営しているレストランが取引先です。

ディストリビューターも日系食品商社でカバーでき、ほかのアジア系食品のシナジーがあるところへの共同配送ができるので、うまく連携して配送してもらっています。

米系のラーメン市場はまだ成長段階なので、シンプルな味つけに合う麺をベースにしつつ広げています。

そのチャネルのお客様はどういうコトやモノが必要なのか、今我々の売っているものを受け入れるノウハウ（調理方法など）があるのか。そういった点に対応しながら、随時、商品の調整をしています。

チャネルごとの戦い方

具体的に、③のアジア系×小売としては、Hmartと99 Ranch Marketの2大プレイヤーがあり、そこが一番伸びています。

この小売に足を運ぶ客層は、米国で育った方でも子供の頃からアジアの食材に慣れ親しんでいます。そういった意味では、アジアの食材について啓蒙していく戦略を展開するより、商品の種類が豊富な方が売上が伸びる印象を受けています。

メインの商品を売りながら、年に何回か新商品を出して、全体的に売上を底上げすることを目指しています。

もちろん、西と東で出す商品も違います。ニューヨーク周辺は店舗面積がかなり狭いですが、カリフォルニア州のトーランスやガーデナは広いので、マーチャンダイジングのやり方も変えています。

我々の場合は、西はかなり競争相手が多く、店舗での商品の種類もたくさんあります。

一方で、東はそこまでではないので、新商品のテストマーケティングについては東の方がやりやすい。ニュージャージー州に拠点があり、東の店舗と対面での関係性を構築しやすいため、新商品の商談などはうまくいく傾向があります。

西は距離の近さからハワイの味覚を知る人が多いので、ハワイ拠点でしか作れないものをロサンゼルスで販売していますが、それはあまり東では流通させていません。人種や味覚の地域ごとの違いに留意しています。

なお、④のナチュラル＆クラブ×小売で買い物される方は、また別の理由で購買されている印象があります。今はどちらかと言うと、「コンビニエンス（利便性）」が重要視されていて、いかに自宅で簡単に作れるかという部分がポイントになっています。

②のアジア系×フードサービスは、豊富な種類（SKU）が必要です。

一方で、①の米系×フードサービスは、シンプルな商品に絞ったSKU数でボリュームをいかに出していくかを念頭に置いた提案の仕方になります。

一番重要なのは、達成したいゴールをどこにするかです。

弊社の場合は、「アメリカ人が慣れ親しんでいるインスタントラーメンと生ラーメンとのギャップをどう縮めるか」だと考えています。

最初は、可処分所得がある程度ある人が行くチャネルや、教育水準がある程度高い地域などにゴールを絞りました。そうすると、「Whole Foods、Sprouts、Costcoなどに集中すべき」となり、現状はこれらのチャネルに集中しています。

1ドルのインスタントラーメンを買う人が、8ドルの生ラーメンのパックを購入できるかと言うと、なかなか難しい。そこにはギャップがあるので、教育水準と食文化などの観点から議論を始めないといけないと感じています。

まずは自分一人でできることから

弊社がWhole Foodsと取引を始めたのは、先方から連絡があって、「こういう商品を作ってくれませんか」と言われたのがきっかけです。

まずは、Whole Foodsの50店舗に向けて商品を出すことになりました。ワイワイ喜んでいたんですが、当初は全然売れなかった。Whole Foodsから電話があり、「早くベロシティ（売上回転速度）を上げないと、キックアウト（取扱停止）するよ」と言われた時には正直焦りました。せっかく新商品を作ってそれが棚に並んだのに、3カ月間以内に取扱停止になってしまっては困ります。

最初は、私一人でできることをやりました。おそらく基本的なことだと思いますが、**毎日お店に入って試食販売をしました。**

Whole Foodsのバイヤーがうちのブランドのことを信用して置いてくれたのに、このバイヤーの先にいるお客さんがなぜ買ってくれないのかが分から

なかった。試食販売をすると、反応を直接聞けるし、美味しいか美味しくないのか、パッケージがダサいのかダサくないのか、生の声が聞ける。いち早くフィードバックをもらうことで、改善できたと思います。

また、**同じ北米リージョンの中でも売上の結果が違うので、そこで一番売れているお店の意見を参考にしました。**

さらに、全150店舗を気にするより、比較的売れている上位8割の店舗に集中して、そこにどんどんプロモーションしたり、デモ販売したりしました。

ほかにもSNSを活用したり、いろいろなイベントに参加して商品をたくさん無償配布したり、とにかく認知度を上げる活動をしました。

我々としてタイミングが良かったのは、当時ラーメン屋に行った時の写真をみんながInstagramに投稿していたこと。それを確認して、「商品を送っていいですか」とラーメン屋に直接アプローチしていきました。

業界では、ファンやコミュニティを作るという取り組みがよくあります。我々は幅広くファンを作るのではなく、**いかに深く「コアなファン」との信用関係を作っていけるかということを重視**していました。

そのファンが自分の友達にすすめて、口コミでオーガニックに広がり、ニューヨークでのファンベースを作って、少しずつ軌道に乗っていきました。

Whole Foodsに入り込むために必要なこと

すべてに通じることですが、Whole Foodsなどに入り込むために大事なのは、「Never give up」です。

Whole Foodsのバイヤーはみんな忙しい。LinkedInやメールでメッセージしたり、商品を送ったり、展示会に行って顔を出したり、**すべての経路から攻めないと、何百何千社という競合他社がいるので前に進まない。**

でも、その努力の積み重ねでしか信頼関係は築けないので、1つずつ努力していくことが大事だと思います。

あとは、何か強力なセリングポイント（アピールポイント）がないと難しい。Whole Foodsは一時期、カーボン・フットプリントを減らそうということで、なるべくアメリカで作ったものを売るという方針でした。

しかし、最近のSanzo（アジアンフレーバーの炭酸水）やFly By Jing（ラー油などの

アジアンホットソース）、Omsom（前出）などの動きを見ると、若者たちのアジアムーブメントがどんどん大きくなっているように感じます。

Whole Foods だけでなく、Target や Costco も、「もう少しアジアのブランドをサポートしましょう」という動きになっているので、日本のブランドにもチャンスがある。そこで重要なのは、いかにストーリーやバリュープロポジション（価値提案）をうまく伝えられるかですね。

最後は、やはり英語力でしょう。Whole Foods を攻めていくにはネットワーキングができるレベルの英語力は必要です。

ディストリビューターのアカウントを開くには

Whole Foods との取引を始めるにあたり、東部のリージョナル・ディストリビューターとの契約が必要でしたが、いわゆるキーアカウント（ディストリビューターのDCをアクティベートする影響力のあるアカウント）を開けることはできました。

ディストリビューターと最初に取引をする際は、一定程度の規模になるかどうかという話をディストリビューターとしてから、小売（キーアカウント）との交渉を始めるパターンもあります。

しかし、弊社の場合は逆で、キーアカウントである Whole Foods との商談が決まってからディストリビューターを Whole Foods から紹介されて話をする、という順番でした。

2年後にはカリフォルニア州にも広げることができました。当時は一定の地域に広がると、Whole Foods において「グローバル」という位置づけとなり、グローバルになると UNFI を通さないといけなくなるというのが1つのルールでした。今では全米の UNFI に入っています。

Whole Foods との取引があるため、UNFI の各ディストリビューションセンター（DC）との取引が開始できました。このように、UNFI との取引をオープンする時には、どこかのキーアカウントが必要になります。

UNFI は、全米で80カ所ほどの倉庫を持っていると思います。全米のナチュラルチャネルに商流を構築するには、UNFI や KeHE との取引はマストで、基本的には取引開始にあたってキーアカウントが必要になります。

そうでないと、そのDCが商品を扱ってくれないか、もしくは扱ってはくれるが売れなければ大きなペナルティを支払うことになる。この点に留意する必要があります。

UNFIとグローバルで取引していると述べましたが、UNFIは倉庫の在庫をどんどん回転させたいので、やはりWhole Foods以外にもどんどん売っていきたいんですよね。

UNFIを通じた商流が増えていくと、事業ポートフォリオのうち小売向けのキャッシュフローはキツくなってきます。我々の事業の9割はフードサービスなので助かりますが、これが逆だったらかなり厳しいですね。

ナチュラル系小売のチャネルが大きくなればなるほど、新規販路への参入費用や販促費用などの間接費が必要になります。

売上が増加しても、上述の新規参入費用や販促費用も同時に増加するため、利益が安定するのに時間がかかります。どのようにして小売向け売上を持続的なビジネスにするか常に考えています。

他のブランドがどうコスト管理しているのかについてはよくネットワーキングの中でも話題に出ます。いろいろな人の話を聞いていても、新興ブランドではVCからの資金調達ラウンドを行ったとか、キャッシュバーン（手元現預金を使い切ってしまうような状況）したといった話題が多いです。

Gross Profit Margin by Customer（販売チャネルごとの粗利率）をしっかり分析して対策を立てていくことがやはり重要だと感じます。

よく業界のほかのブランドと話をする時に出る大事な言葉に「inch wide, mile deep（狭いリージョンで深く刺さり込む）」があります。

少し前のトレンドとして、「何百店舗に入りました、何千店舗に入りました」という、いわば瞬間風速的な規模をKPIとしていたブランドが多かった印象があります。

でも最近では、**もっと深く、特定のリージョンで長期的に結果を出すことが重要**だと、他のブランドとよく話をしています。

というのも、一気に全米に広げた結果、回転数が追いつかずに失敗した例をたくさん見てきたからです。**特定の地域でしっかりと結果を出し、別の地域に進出する際もテストマーケティングをきちんと行う。そういったステップを踏みながら、広げていくことが重要**だと感じています。

もちろん展開のスピードを落とすと、ターゲットとしている地域に他のブランドが先に入り、市場シェアをとられてしまう可能性もあります。

ただ、もう1つのリスクとして、「**一度失敗したリージョンでの再進出は極めて難しい**」ということがあります。弊社では、結果を出してから地域を広げていくことを重視しています。

Whole Foods のバイヤーに言われた
3つの大事なこと

Whole Foods が Amazon に買収される前は、新商品の提案などいろいろとやりやすかったですね。

ルールがあまりなかったので、リージョナルバイヤーが好きなブランドをどんどん応援していくことが可能でした。そのバイヤーと関係を構築すれば、いろいろな商品提案もプロモーションもできました。

今では Amazon 傘下に入ったので、以前に比べれば自由度は落ちていると思います。バイヤーの中でも意思決定者にたどり着くまで、たくさんのプロセスと書類を準備する必要性が増え、いわゆる大きい組織に変化していった感じです。

買収後に雇用された新しいバイヤーは、ルールに則っている感じですが、買収前からいるバイヤーは、まだ隠れていろいろと好きなようにやっています（笑）。

いつも Whole Foods のバイヤーには、「**①マーチャンダイジング、②タギング、③ベロシティに集中しなさい**」と言われています。

①のマーチャンダイジングは、毎週ちゃんと商品があるのか、在庫があるのか。②のタギングは、価格設定が間違っていないか。③のベロシティは、最終的には毎週、結果が出ているのか。その3つに集中すれば成功できるという話です。

この3つを達成するために、ブランドができることは何か。

現地に拠点があり、店舗との物理的な距離が近い方がやりやすいとは思います。

例えば、**店舗を毎日訪問したり、お店の担当とよく話をして一緒にマー**

チャンダイジングしたり、一緒に試食販売（デモやプロモーション）したりする。

もちろんすべての店舗には行けませんが、そういうことをマンツーマンでやり、関係性を作る。そうすれば、バイヤーがもっといろいろな機会をくれるようになるでしょう。

まずは自分たちでできることをしっかりとやる、ということが大切です。

弊社のハワイの拠点の営業担当は、週3回、店舗に行っています。以前、ハワイの売上は社内で一番下だったのですが、週3回行くようになってから、全米でトップの売上になっています。

例えば、通常はブランドが年間2万ドルくらい支払うこともある「バンカー（上が空いているタイプの冷凍商品の陳列棚）」を年に何回か無償で貸すことがあります。営業担当がそこを押さえることによって、その週にはベロシティが上がる、というケースがあります。

Costcoで成功することのメリット

Whole Foods以外のチャネルと言うと、まずはCostcoが挙げられます。

Costcoの良いところは、そこで買い物をする人たちは、Whole FoodsやTargetなどほかのいろいろな店にも行くという点です。

つまり、Costcoで成功できれば、そこに買いに来る人がほかのスーパーマーケットでも買いたいと思うはず。Whole Foodsなどに比べると、消費者の行動フローが全然違います。

また、Costcoとは直接契約を締結するので、キャッシュフローが非常に安定しています。新規参入のブランドとしては、キャッシュが大事だと思います。

Whole Foodsなどのチャネルはいろいろな問屋を使うため、キャッシュが手元に入るまでかなり時間がかかります。一方でCostcoの場合、15日以内に払う契約なので、資金繰り的にはかなり安心です。

普段から業界のネットワークの中でいろいろな人と話しますが、「**将来は何が流行るかについて、Costcoのバイヤーが一番感度が良い**（メーカー側にも理解があり、話が通じて仕事がやりやすい）」と口を揃えます。

一方で、「Costcoに頼りすぎている（リスクが偏っている）メーカーとの取引を避ける」という意味合いで、「Costcoと取引するにはメーカーの全体の売上

の20%以上をCostcoが占めてはいけない」というルールがあります。その点だけ気をつけていただければと思います。

型を守りつつ、ローカライズする

　父が創業した当初、ラーメンは完全にホワイトスペースでした。もちろん原料もなく、時間やリソースの確保など課題がたくさんあったと思います。

　一方で、すでにある程度は日本人が経営するラーメン屋が出店していたので、私の課題は、アメリカ人にどうラーメンを浸透させていくかということでした。

　例えば我々には、「クラフトラーメンを作る」「アメリカでご当地ラーメンを作る」というミッションがありました。

　そうなると、もしかしたら日本人の感覚からするとラーメンではないと思われるかもしれない。でも、そのラーメンがアメリカ人に受け入れられて、しかも1日500袋売れているのであれば、それをどんどんサポートして、展開していきたいなという想いが当時ありました。

　しかしながら、「本物のラーメンではないものを広めている」といった批判が当時はありましたね。そうした中、我々が一番大事にしてきたのは、**ラーメンという食の基本的な型はリスペクトし守りつつも、アメリカ人が食べやすくするためにローカライズすること。そうしないと続かない**ということを強く感じました。

　例えば、ナルトやメンマが好きではないアメリカ人が多い（それだけで食べない理由になってしまう）ので、トッピングを変えて、まずは「食べてみようか」という気持ちにさせるところから始めました。

　また、米国では1時間かけてラーメン1杯を食べる人もいるので、我々としては伸びにくい麺を作るなど、試行錯誤しながら取り組んでいます。

　正直、今でも「あそこのラーメンは本当のラーメンではないよね」という声はたくさん聞こえてきます。しかし実際は、日本人が経営するラーメン屋よりも繁盛している場合も多い。

　私の仕事は、日本と米国をつなぐことだと思っています。**アメリカ人にラーメンという食文化に興味を持ってもらうには、何かしらアメリカ人にメ**

リットがないといけない。

　できるだけ多くの方がラーメンを口に運び、興味を持ち、また違うラーメン屋や日本食レストランに足を運ぶ。そうやってラーメンや日本食全体のエコシステムが形成されていくと良いと思います。

米国のトレンドの変遷

　トレンドの変遷は様々あります。一時期、ESGやカーボン・フットプリントといった話はレストラン側からよく聞かれ、小売のバイヤーからも「カーボン・フットプリントを減らしましょう」というコメントがありました。また、健康食やプラントベース食品のトレンドも一定程度ありました。

　こうしたトレンドの一方で、最近は逆に「Authenticity（本場の味）」に少し回帰してきたという印象を受けています。

　MiLà（餃子の中華系CPGブランド）という会社の社長やその他アジア系CPGのブランドとも話しましたが、**アメリカナイズされた味ではなくて、レストランのシェフが作る味に近いものがトレンドになっている**と話題になっています。

　ただこれは、あくまでWhole FoodsやCostcoなど業界のトレンドを作るリーディングバイヤーから見た潮流です。米国のマスマーケットには、まだまだAuthenticityは求められていないと思います。

　Authenticityを加えつつも、Approachable（何か分からないものではなく、手にとってトライしてみたくなるような）でシンプルなものであることは引き続き重要です。

　以前、サウスカロライナ州でAuthenticityを重視してテストマーケティングをしましたが、案の定、まだ消費者は理解してくれませんでした。そこで、味つけやトッピングをローカライズしてテストしてみたら、すごく売れました。

　こういったことからも、やはり地域とチャネルで区切る戦略は重要だと感じます。

重要なのは意思決定のスピード

　米国進出にあたり大事なのは、**まずは組織のトップ、もしくは米国事業の**

意思決定者が米国に移り住むことですね。レストランでも、成功しているところとそうでないところを見ると、そこの違いが最も大きいです。

　一番の理由は、日本とは全くビジネスのやり方が違うこと。また、米国の中でも異なるタイムゾーンがあるし、人種も多様で、ハワイとニューヨークでも全然違います。

　そうした中、**意思決定者の判断スピードが重要**です。米国に住んでいないと、ビジネスを成功に導くことは難しいと思います。

　先日、共同貿易の展示会に行きましたが、やはり現地に拠点のある会社の対応は早いですね。新商品開発からお客さんのマーケットシェアをとるまでのスピードが圧倒的です。

　また、とても単純ですが、オープンマインドであることは重要です。

　日本の特徴として、日本食のこだわりや文化を守ろうというプライドがあります。しかし、日本のものを世界につなげていくのがゴールだとしたら、どうすれば世界のオーディエンスに受けるかというアドバイスを素直に聞くことが大切です。

　そこの国のお客さんに自分の商品を試してもらうのが目的であれば、そういうオープンマインドな姿勢が良いと思います。

第 **7** 章

日系企業躍進の鍵を握る
「アウトソースセールス」の存在

　さて、ここまで米国小売市場におけるバリューチェーンの関係者を概説してきました。生産者がいて、小売店がいて、ディストリビューターがいると商流が完成します。

　当たり前ですが、商流が動くにはビジネスが発生する必要があります。ビジネスの作り方については、前章で「ディストリビューターに取引を開始させる力を持つ小売店」から攻めると書きました。それでは、これらの小売店にどのようにアプローチすれば良いでしょうか？

　最初に思いつくのは、**各小売店のウェブサイト**などから新商品の申請をする方法です。バイヤーの目に留まれば、反応が返ってくるかもしれません。

　次に考えられるのは**展示会への出展**でしょう。米国には、CPG メーカーには外せない展示会が4つあります。[1]

展示会名	場所	時期
Natural Products Expo West	カリフォルニア州ロサンゼルス	3月上旬
Newtopia Now	コロラド州デンバー	8月
Summer Fancy Food Show	ニューヨーク州ニューヨーク	6月
Winter Fancy Food Show	ネバダ州ラスベガス	1月

1　Newtopia Now については、執筆時点でまだ始まったばかりのため、時期や会場変更の可能性あり。

これらの展示会に出展していれば、バイヤーがブースを訪れてくれるので、その場で商品を試食してもらったり、連絡先の交換をしてフォローアップしたりできます。

前述2つが正攻法でしょう。

しかし、これらの方法は、うまくいかないことが往々にしてあります。小売店のウェブサイト経由で新商品を申請すると言っても、当然ながら人気の小売店には日々たくさんの新商品が寄せられます。バイヤーがすべての商品に目を通すことが難しいのは、言うまでもありません。

展示会に参加したバイヤーには、終了後、山のようなメールが寄せられることが容易に想像できます。バイヤー側が相当欲しい商品でない限り、コミュニケーションを継続するのは難しいでしょう。

それでは、どのような方法が最も有力なのでしょうか？　**答えは、「ネットワークを活用する」こと**です。ネットワークの重要性は、これまでの章でも説明してきた通りです。

私たちは、今原稿を書いている2024年9月時点で、約3年超、米国の食農バリューチェーンに関するリサーチ、および日系企業サポートを続けてきました。この取り組みの中で400社超の組織とネットワークを築き、いろいろな立場からいろいろな人の意見を聞いてきました。

この過程で得た最も大きな気づきは、「米国は日本よりもウェットな世界である」ということです。

地道に正攻法を続けることでも当然ビジネスにつながりますが、それよりもネットワークをきっかけとしたビジネスが非常に多いのです。

例えば、私たちが「A」という会社とネットワークしたいとしましょう。そこで、A社のウェブサイトの問い合わせフォームから「一度お会いいただけませんか？」と送信しても、返信が来る確率は限りなく低いです。私たちの実体験としても、ほとんどメールが返ってきたことはありません。

ところが、A社をよく知る方に、我々をccに入れて紹介メールを書いてもらったらどうでしょう？　ほぼ100％と言えるほど確実に返信が来ます。

実際に、ビジネスのほとんどをReferral（紹介）で獲得しているという方々は、私たちが見た中でも相当数います。

営業力を外注する

さて、少し遠回りになってしまいましたが、「ネットワークを活用する」とはどういうことか。それはつまり、「営業力を外注する」ということです。

具体的には、「**ブローカー**」、「**セールスレップ**」と呼ばれる存在です（図7-1、本章ではこの2つの存在を「**アウトソースセールス**」と呼びます）。

アウトソースセールスは、**知見とネットワークを活用して、メーカーの代理として新たな販路を開拓したり、既存導入店舗の売上を増加させたりする役目を担います。**

私たちが知っているアウトソースセールスの方々を見ると、小売店のバイヤー、ディストリビューターのカテゴリマネージャー（各商品カテゴリごとにラインナップを決定する責任者）、メーカーの営業担当などの経験を持つ場合が多い印象です。基本的に彼らが商流に関わることはなく、人的リソースおよびサービスのみを提供する存在です。

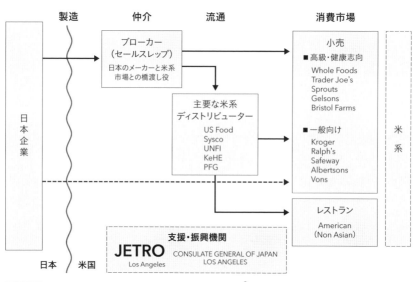

図7-1　橋渡し役となるブローカーやセールスレップ[2]

2　JETRO ロサンゼルス事務所「成功例から学ぶ　米国西海岸で日本産食品を売る！」
　　https://www.jetro.go.jp/ext_images/industry/foods/past-seminar/pdf/201811_1-1rev.pdf

すべての食品メーカーがアウトソースセールスを使っているのかと言うと、もちろんそんなことはありません。非常に革新的でこれまでにないニーズを拾える商品があれば、バイヤーの方からアプローチがあるでしょう。また、非常に経験豊かでネットワークのある営業員を雇うことができれば、自力で営業活動していける可能性があります。

しかし、私たちが接触している日系企業の多くは、この部分に課題を抱えています。米国では当然、言語の壁もありますし、食文化も日本とは全く違うものです。

加えて、前章までで概観した通り、米系マーケットは商慣習や費用感が日系マーケットと全く異なります。よって、**業界をよく理解するセールスパートナーの存在は、勝率に大きく影響する**と考えられます。

私たちとしては、適切なアウトソースセールスとパートナー関係になることは、日系企業が米系市場を攻める戦略に大きな影響を与えると考えています。

ブローカーとセールスレップの違い

私たちも取り組みを始めた当初から、アウトソースセールスの存在をしばしば耳にしていたのですが、なかなか実物と接触する機会がありませんでした。しかし、約1年後、初めてアウトソースセールスと接触し、その後たくさんのプレイヤーとネットワークを築きました。その結果、ひと口にアウトソースセールスと言っても、様々なレイヤーがあることが分かりました。

セールスレップとブローカーは、重複した業務領域を担当しつつも、実際には異なる動きをします。

では、この2つの違いは何でしょうか？　最も大きな違いは「メーカーとの**距離の近さ**」だと言えるでしょう。

セールスレップは、あたかもメーカーの一営業員であるかのように振る舞います。例えば、メーカーのドメインを使ったメールアドレスで連絡をとったり、メーカーの名刺を持って小売店へ営業に行ったりします。

当然、セールスレップは1社だけでなく複数社の商品をrepresent（アウトソースセールスがメーカーの営業を代理すること）していますが、ある1社の営業員として営業活動をしている間は、他のメーカーの話はしません。

一方でブローカーは、メーカーの営業員としてではなくブローカーとして小売店のバイヤーと接するので、自身が担当する複数のメーカーが持つすべての商品について話をします。どちらの方が交渉の密度が高くなるかはお分かりでしょう。

2つ目の違いとして、「**業務領域**」が挙げられます。

ブローカーは、担当するメーカーの「売上を最大化すること」が目標です。言うなれば、ブローカーの機能は「セールス」そのものに終始します。

一方でセールスレップは、売上を最大化するための付随業務も、メーカーの一員として行ってくれる場合が多いです。

例えば、商品が米国に輸入される必要があるならば、輸出や認証の取得ができるプレイヤーを一緒に探してくれます。米国内でレンタル倉庫や宅配業者を探す必要があれば、懇意にしている3PL（サードパーティー・ロジスティクス、物流業務を受託するサービス）のセットアップを一緒にやってくれます。

ただし、あまり杓子定規に語ることはできず、ブローカーと名乗っていても付帯業務を一緒にやってくれるケースもありますし、境界線は曖昧です。コミュニケーションをとって、各プレイヤーの業務領域を確認していくほかありません。

3つ目の違いとして、「**ステージ**」があります。

2つ目の違いと同様に、プレイヤーごとにカバー範囲が異なるため一概には言えませんが、セールスレップは、比較的アーリーステージから食品メーカーをサポートする存在であることが多いです。

上記の通り、原則としてブローカーの機能は「セールス」そのものに終始するため、小売店から注文が入ったらすぐに商品が流れる状態になっていることが、ブローカーがメーカーを担当することの前提となります。

つまり、小売店からの注文が入ったらすぐに出荷できる在庫が米国内にあること、ディストリビューターとの取引があることです。これは、これから米国進出をしようと思っている方々には少しハードルが高い前提条件であるかと思います。

一方で、セールスレップは、ディストリビューターのセットアップ含め一緒に対応してくれるケースが多いため、米国未進出の日系企業には心強いパートナーになり得るでしょう。

アウトソースセールスとのつき合い方については、第5章のインタビューに登場した久世直樹社長が、次のように語っています。

> ご存じの通り、アウトソースセールス各社は、それぞれカバーエリアやネットワークのある小売店、取扱商品カテゴリ、顧客セグメントなど特徴があります。
>
> 安易に、ここのブローカーが良いという評判や、その会社の規模などで決める前に、自分たちの商品をどのセグメントの消費者に届けたいのか、そういうセグメントが集まる小売店やスーパーマーケットはどこかなどを事前に検討したうえで、相性の良いアウトソースセールス企業を選択することをおすすめします。
>
> 私たちは流通を担ってくれる問屋が決まる前にブローカーを採用してしまい、失敗した経験があります。それぞれの小売店やスーパーマーケットの多くは懇意にしている問屋が数社あり、流通してくれる企業があって初めてブローカーが活きてきます。
>
> 私たちが大事にしていることの1つは、ブローカーに完全に任せず、販売戦略を自分たちで作り、顧客開拓状況などをブローカーに逐一確認することです。できるだけこまめにブローカーと連絡を取り合い、戦略や新商品情報、問屋情報などを伝えますし、現在どのような小売店、スーパーマーケットやレストランなどにアピールしているのかなど報告を受けるようにしています。

アウトソースセールスの費用感

さて、セールスレップとブローカーの違いを概観したところで、彼らとビジネスをするには、どの程度の費用がかかるものでしょうか。

まず両者に共通するのが、「**リテーナーフィー**」と「**コミッションフィー**」という考え方です。**前者は固定型**の費用、**後者は料率型**の費用です。

セールスレップについて、ベースの料金として月額5,000〜1万5,000ドル程度のリテーナーフィーを課されることが多いです。

金額の変動幅は、各社の料金設定の違いに加え、どの程度業務にコミット

するかにもよります。例えば、1人のセールスレップに対して、セールス部門トップの機能提供を求めるのならば、より高い料金（1万5,000ドル）に近づくことが予想されますし、時間単位で働く一営業員程度の関与を求めるのであれば、低い料金（5,000ドル）に近づくことが予想されます。

　セールスレップの場合は、コミッションフィーが発生しないこともありますが、よくあるのは、前年からの「売上増加分の○％」という形のフィーです。

　ここまでお読みになって、「結構高いな……」とお思いになった方も多いでしょう。はい、確かに高いです。しかし、セールスレップの言い分としては、「人を1人雇用するよりは十分安い」ということです。

**　本来なら、現地法人を設立して、人を雇って、その他諸々の体制を整備する、という部分をすべてアウトソースできると考えれば、逆に安く感じるかもしれません。**

　次にブローカーですが、こちらはほぼすべてのケースで「○% of Net Sales or $○○ per month, whichever is greater」となっています。つまり、「純売上高の○％のコミッションフィーvs月額○○のリテーナーフィーのいずれか高い方」ということです。

　リテーナーフィーはブローカーによってまちまちですが、月額3,000〜5,000ドルくらいが多い印象です。最大手のブローカーなどの場合、月額1万ドル以上のリテーナーフィーを課すところもありますが、そう多くはありません。

　一方、コミッションフィーについては5％くらいが相場かと思います。純売上高（Net Sales）は、各ブローカーの契約書の定義によっても異なりますが、総売上高（Gross Sales）からディダクションを差し引いたものを指す場合が多いです。

　セールスレップとの大きな違いは、リテーナーとコミッションの二重取りがない点です。基本的に、どちらか金額の大きい方という形になっています。

　全体的な費用感としては、セールスレップよりブローカーの方が安くなっていますが、いずれにしてもそれなりの費用がかかります。特にリテーナーフィーの支払いは売上の発生有無に関係ないので、軌道に乗るまでは一方的な費用支出となります。

　アウトソースセールスとしても、販路を作るまでの期間、ただ働きするわ

けにもいかないので、いたしかたないコスト構造と思われます。ごく稀に、リテーナーフィーなしで売上発生後のコミッションフィーのみという場合もありますが（セールスレップでは見たことがありません）、例外的と考えていただいて良いでしょう。

参入のチャンスは原則として年に１回

ブローカーの場合、リテーナーフィーが「○% of Net Sales」を超過すれば、リテーナーフィーの支払いはなくなるわけですが、コミッションフィーに移行するまでの期間は、どの程度を要するものなのでしょうか？

これは、本当にメーカーごとに様々としか言いようがないのですが、いろいろなブローカーに聞いた中央値を踏まえると、最低でも６カ月といったところでしょうか。

しかし、実際には、６カ月でコミッションフィーに移行するのは相当難しいのではないかと思います。なぜなら、**ある程度名の通った小売店は、原則として年に１回しか参入のチャンスがない**ためです。

業界では一般的に、**カテゴリレビュー**（Walmartの場合はラインレビュー）が年に１回行われます。各カテゴリ（キャンディ、ヨーグルト、調味料といった商品の大きな種別を指す）のカテゴリマネジャーが、翌年のラインナップを検討する機会を指します。

一部の小売店では、**オープンレビュー**（良い商品があれば、時期にかかわらずその都度検討する）方式を採用していますが、例外的です。

つまり、もし参入したい小売店が明確だったとしても、カテゴリレビューのタイミングを逃すと、翌年まで待たなければなりません（しかも翌年のレビューは翌々年のラインナップを検討する場です）。

ということは、「ブローカーと契約しても、相応の期間、リテーナーフィーを払い続けなければならない可能性がある」ということです。

皆さんも、「米系マーケットは費用がかかる」と聞いたことがあるかと思いますが、私たちも調べていく中でそれを痛感しています。特に売上が安定するまでの最初の１〜３年間程度は、我慢の時期になるでしょう。

アウトソースセールスを利用すれば、上記のコストがかかりますし、ディ

ストリビューターとつき合えば、前章で概説した諸々のセットアップコストやそれに伴うディダクションに対処しなければなりません。

また、小売店も、新規参入メーカーにはコストを要求します。これはフリーフィルやスロッティングフィーなどと呼ばれます。

フリーフィルは、「1店舗、1SKUにつき1ケース」を無料で提供することを意味します。もっとも最近では2ケース、3ケースを要求する小売店もあるようです。

一方で**スロッティングフィーは、もう少し直接的に「棚台」として金銭を請求されるもの**です。

米国では、毎年多くの新興CPGメーカーが誕生していますが、その85%が失敗していると言います。小売店は既存で回転している棚のスペースを、リスクをとって新規商品に振り向けますが、フリーフィルやスロッティングフィーは、そのリスクを緩和するために長く続けられている慣習です。

上記のように、米国小売業界には日本とは違う様々な商習慣やコストが存在します。ここまでの話で、米国の小売店販売に関する流通構造や関係者、コストについて理解いただけたのではないでしょうか。

ブローカー、ディストリビューター……各チャネルを攻めるのになぜ必要か

今こそ日本ブランドが米国の消費者にリーチするチャンスだと説くITO EN（North America）のRob Smith氏。ブローカーとのつき合い方やメリット、ディストリビューターの攻略などについて聞きました。

ロブ・スミス　Rob Smith
Chief Sales Officer　ITO EN（North America）INC.
米国の大手飲料品メーカーでキャリアをスタートさせたのち、急成長後のエグジットを目指す複数の非上場企業で経営に携わってきた。現職では営業とマーケティングを担っている。

　私は米国の食品・飲料分野で約30年の業界経験があります。かつては米国の大手多国籍飲料ブランドで、販売、マーケティング、分析の様々な役割を担当していました。

　現在は、ITO EN（North America）のチーフセールスオフィサー（CSO）として、北米事業のすべてのチャネルを担当しています。

　米国は市場として攻略するのが難しい広大な地です。まずは、特定地域でのテスト販売を通じてブランドコンセプトが正しいか確認する、というのは有効なアプローチかもしれません。

　UNFIやKeHEという全国規模のディストリビューターは、融通が利きにくいことに加えて、多くのメーカーが苦労しているようにコスト（ディダクション）がかかります。しかし、小売の世界では、これらのディストリビューターとの連携なくしては、ナチュラル系・コンベンショナル系の多くの販路にアクセスすることができません。ですので、まずは彼らの特定のDC圏内でキーアカウントと連携したテスト販売を行い、成功体験を積み上げていくというのは有効な戦略と考えられます。

　フードサービスについては、小売に比べてかなりの投資が必要となる場合が多いです。**Sodexo、Aramark、Compassのような巨大事業者と取引する**

第7章　日系企業躍進の鍵を握る「アウトソースセールス」の存在

ためには、彼らのカタログリストに掲載されるための全国的なリベート契約が必要です。

カタログリストに掲載されるためには、彼らの本社ではなくそれぞれのロケーションでフードサービスを運営するオペレーターとの取引（例えば、A大学のカフェテリアのオペレーターというように）を獲得する必要があります。そのため、社内の営業組織やブローカーネットワークへの戦略的な投資やリソースの投下が必要になります。

カタログリストへの掲載合意が得られたら、その地域において優先的に指定されるディストリビューターと協力して、商品を流通システムに登録します。

取引量が少ない場合は、Dot Foodsなどの**リディストリビューター**をサプライチェーンの中間ステップとして検討すると良いでしょう。

リディストリビューターは、複数の小規模ブランドを束ねてトラック1台分に仕立て、大手ディストリビューターが少量でブランドを購入できるようにします。コストはかかりますが、小規模ブランドがフードサービスチャネルを攻める際に効果的です。

こうしたプロセスのすべてのステップに共通することがあります。フードサービスが提供される地域で、フードサービス業者のシェフやスタッフが、日本食材を活用して日本食メニューを顧客にきちんと提供するという一連の実務ができているよう、メーカー側としても管理・監督していくことが非常に重要です。

大手多国籍ブランドにもブローカーは必要

大規模な多国籍ブランドにとってでさえ、米国の小売やフードサービス業界でビジネスするうえではブローカーが重要な役割を果たしています。

優れたブローカーは、新規流通開拓または流通経路の拡大を目指すために必要な「キーアカウントとのミーティング機会を獲得」するのに役立ちます。

ITO ENでは、ブローカーはリテーラーやディストリビューターへの新商品の登録や各小売店に対するプロモーションスケジュールの企画・管理などのバックエンドサービスも担っています。

私たちITO ENの営業チームはブランドの専門家ですが、ブローカーは顧

客の専門家として機能します。つまり、販売先（スーパーやフードサービス）そして消費者のニーズをつかむ専門家です。ITO EN内部で顧客の専門家の体制を整えることは、私たちが持つ多数の顧客を考えると非常に大きなコストになります。

ブローカーとの連携には費用がかかりますが、成長戦略への再投資を可能にするコスト削減をもたらすと考えています。

まずは小さく成功する

米国市場に参入する際に陥りがちな最大の誤りの1つは、急成長を目指してサプライチェーンを急激に拡大しようとすることです。これは米系企業にも当てはまります。**特定の地域で初期の成功を作り出し、その成功を市場拡大に活かすことで好循環を作る方がいい。**

ブランディングとデザインの観点からは、米国のターゲット消費者を理解することが重要です。その消費者は日本由来の本物の体験を望んでいるのか、それとも日本で成功した商品をわずかに調整した方がより大きなチャンスが見込めるのか。その見極めが重要です。

例えばITO ENも米国でのローンチ時は、米国の消費者にとって「お～いお茶」を体験するにはまだ早い、という事実に基づいて、「TEAS' TEA Organic」の新ブランドを作りました。時間が経つにつれて、この状況は変わり、今では「お～いお茶」が成長エンジンになっています。

世界は縮小しており、米国の若い消費者は食品・飲料において"本物"の経験を求めています。こうした文化的変化において、日本食は大きな部分を占めています。さらに、アニメなど日本のポップカルチャーの影響が北米で高まっています。

私の大学生の娘やその友人たちは、ダイソーで買い物し、日本のアニメを見て、外食する時はたいてい寿司やラーメンを選びます。若い北米の消費者は、日本の食文化に深い興味を持っていると強く感じます。**日本のブランドにとって、今こそ米国の消費者にリーチする絶好の機会**だと信じています。

本物の味を現地で再現するには──
食品メーカーの支援体制に必要なもの

食品メーカーに対し、商品開発やマーケティングなどの面からコンサルティングを提供するJPG Resources。日本の食品メーカーが米国で直面する課題と、それを克服するために必要とされる支援について聞きました。

ジェフ・グロッグ　Jeff Grogg
Managing Director　JPG Resources

米国の食品飲料業界で十数社以上を創業した経験を持つ。コンサルティング会社のJPG Resourcesを創業し、既存のプレイヤーあるいは新規参入者が米国市場で成功するための支援をしている。

　JPGは、食品メーカーの商品開発などを支援するコンサルティング会社です。戦略やマーケティング、商品開発、開発した商品の商業生産、事業運営支援などコアビジネス機能へのコンサルティングを提供しています。

　もともと私はKellogg（大手食品コングロマリット企業）のR&D部門に所属し、そこで約8〜9年間働きました。主力シリアル製品やPop Tartsなど傘下ブランドの研究開発が担当でした。その後、傘下ブランドのKashi（有機農法を実践する農家で栽培された穀物を使用するナチュラル系シリアルブランド）に移り、事業開発を担当しました。

　その後、2009年1月にJPGを創業。加えて、契約製造会社の運営やベンチャーキャピタル投資会社RCV Frontlineの運営も行っています。

現地で日本の味を再現する

　KelloggやKashiでの日々を通じて、私は多くの外部コンサルタントと一緒に働き、いくつか課題を感じていました。外部パートナーを雇っているにもかかわらず、結局のところ、すべての仕事を自分たちで行っている、という状況でした。

この経験があったので、私は「商品の発案からメーカーと一緒に計画や戦略を立てることができ、CPGの利益に資する会社」を立ち上げようと考えたわけです。

日本の食品メーカーが米国で直面する最も大きな課題の1つは、現地の事業環境で本物に近い日本の味を再現することです。

JPGでは、グローバルな食品企業による米国市場向けのR&Dをサポートする体制を持っています。

もともと強力な「商品開発チーム」を持っているうえ、数百人のシェフにアクセスできるCCD Innovation（30年の歴史を持つ料理開発センター）を買収し、事業ポートフォリオに追加しました。

さらに、「食材調達チーム」を抱え、例えば、米系小売側（特にナチュラル系）のルールで材料を変更する必要がある場合など、米国市場に合致した製造・材料調達を支援することができます。

ほかにも、「センサリーチーム（Food Sensory Analysis＝官能検査・分析を行う）」を持ち、開発された商品が期待通りに機能しているか、何が欠けているかを理解するためのテストを行うことができます。

これらすべての機能を駆使して、パズルのピースを埋めていき、インターナショナルブランドが米国市場に参入していくプロセスをスムーズにしています。

1つのチャネルでの成功が、次に結びつく

日本や他国の大企業でさえ、米国市場の規模やスケールに実際に触れると一様に驚きます。地理的に非常に広大で、様々な小売業者や販売チャネルが混在しているからです。

多くの企業が、全米のすべてのチャネルや地域で活動するつもりで、大きな目標を持って米国市場に挑戦しに来ます。でも、あまりに規模が大きすぎてうまくいかず、計画を着実に実行できないケースが多い。

したがって、特に小さな企業（大企業であっても米国市場への初挑戦であれば）には、**地域の選定とともに、「（小売を目指すのであれば）どの小売チャネルを開拓するか」を選ぶ**ことをおすすめします。

ナチュラル系チャネルを選び、ハイエンドな小売業者を中心に活動する企業もあれば、Walmartやフードサービスに焦点を当てる企業もあります。たくさんの選択肢があります。

　そして、それぞれの市場が本当に大きく、それゆえに競争も激しいです。市場参入の早いステージで、費用をつぎ込みすぎたり、事業を複雑化しすぎたりしないよう、市場セグメントを理解したうえでターゲットセグメントにアプローチしていくことが重要だと思います。

　1つの販売チャネルでの成功は、次のチャネルの挑戦に役立ちます。そのように、1つずつチャネルを拡大していくことをおすすめします。

言語の壁がなくても商習慣の壁が……
外国食品メーカーが米国で直面すること

Whole FoodsのCPG担当から食品メーカーのコンサルティングに転身したKara Rubin氏。外国企業からすると想像もつかない、米国食農市場の規模や費用感、商習慣について聞きました。

カラ・ルービン　Kara Rubin
Strategic Advisor　JPG Resources
Whole Foods Marketにて約10年にわたり北東地域の大小様々なブランドを担当したほか、ミネラルウォーターを手がけるJUST WaterでVice President of Brand & Product Strategyを務めた経験を持つ。ニューヨーク大学で客員講師も務める。

　私は米国のナチュラル系食品飲料CPG業界に20年近く携わっています。もともとニューヨーク市内の小さな地元の小売店で働いていたのですが、Whole Foodsに移り、10年弱在籍しました。

　Whole Foodsでは、店の中心をなすCPGブランドの購買を担当していました。また、トレンドの創出や商品のイノベーション、ローカルビジネスのサポートにも力を入れていたので、商品ミックスにそれらの視点を取り入れていました。

　私のチームの半分は、棚に置きたい商品をローカルの生産者やメーカーから選ぶバイヤーたちで、商品が棚にどのように配置されるかといった判断を下す役割も担っていました。

　残り半分は、より運用面に重点を置いており、店舗でチームの戦略が有効に機能しているか、マーケティングやプロモーションプログラムが効果的に展開されているかなどを確認していました。

　その後、ブランド側に移り、飲用水のマーケティングと商品開発を経験したのち、現在はJPGの一員として米国のナチュラル系小売市場を目指す外国ブランドに対してコンサルティングを行っています。

米国進出は、想像以上にコストと手間がかかる

　他国から米国に進出しようとする場合、その企業にとって「**新しい市場に対する学習曲線は急カーブを描く**（そうでなければならない）」と理解することが大切だと感じます。

　例えば、イギリスに拠点を持つあるクライアントにとって、米国市場は言語の壁がないものの、地理的または業界慣習的な障壁が数多く存在します。

　多くの国々、特にイギリスのように国土が狭い国には、大手スーパーマーケットチェーンが2、3しかありません。そのため、商品のコンセプトを考えてから実際に生産し、スーパーマーケットの棚に置かれるまでのプロセスが非常にシンプルで効率的です。米国ではそうはいきません。

　多くの企業が米国を巨大な宝の山として見ています。国土が広く、人口が多いからです。しかし、競争が激しい米国でビジネスをするには非常にお金がかかります。

　米国よりも国土が小さく競争が少ない国の感覚で話をしていると、直感的には理解しがたい部分で投資（費用支出）をしなければならないことが多い。特に、ディストリビューションを管理し、消費者に自社の商品を理解してもらうために多くの投資が必要です。

　この業界の誰に尋ねても、何度も何度も聞かされることがあります。

　商品を棚に置くのは簡単でも、商品が棚から売れて、人々にそれを試してもらい、リピート購入してもらうようにするのは難しい、と。

　在庫を十分に持ち（在庫リスクを抱え）、特定の小売業者の需要をサポートすることは、最終的にはブランドの責任となります。

　それは本当に難しいことです。どれだけ生産しなければならないか、輸入を行う際の物流をどのように取り扱うかを計画する必要があります。

　商品が米国に到着すると、当地側の物流のネットワークの層（自分たちの倉庫、商品を店の裏口に配送するディストリビューターなど）があります。

　また、規模の大きなカテゴリでは、メーカーがマーチャンダイジング（店舗で商品が実際に棚に置かれていることを確認するサービスプロバイダー）などに投資することが重要です。商品がバックルーム（店舗の裏の一次保管場所）で見失われないように適切に配送され、適切に再注文され、プロモーション期間の前に必要

な準備が行われていることを確認するためです。

このように、非常に具体的で細かい店舗レベルでのケアが行われていない場合、棚に商品が並んでいても、すべてが無意味になるリスクがあります。

まずは、メーカーがこれらの商慣習や微細なステップを理解することが重要です。

Whole Foods に在籍していた時、棚に置きたい商品について、興味深いストーリーや推したい理由をチームメンバーに共有して、顧客にもその良さを知ってもらえるよう努力していました。

それでも、365（Whole Foods のプライベートブランド）やボリュームの大きいSKUへの対応が優先されるため、バイヤーとして本当に棚に置きたかった比較的小さいボリュームの商品について細かくコミュニケーションをとるのはとても困難でした。よほどのボリュームがないと、小売側にきめ細かい対応を期待することは難しい。

リージョナル・ディストリビューターも活用する

ナチュラル系ディストリビューターのUNFIとKeHEは、非常に大きな存在です。

店舗の現場スタッフの視点からすると、トラックが到着したら、大量のボックスが載ったパレットを降ろして、適切な場所に商品を置かなければなりません。配達中に何らかのミスが生じ、期待していた在庫が手に入らなかったり、多すぎたり、トラックが故障して遅れたりすると、フラストレーションが生じます。

実際のところ、それは日常的に発生します。また、多くの店舗は日中は停・駐車禁止などの配送制限がある場所に位置し、トラックが早朝など特定の時間に到着しなければ配送を受け取ることができません。

ニューヨーク地域では、UNFIに加え、小さなリージョナル・ディストリビューターがいるので、メーカーにとっては幸運だと思います。Whole Foodsにいた当時、私たちは大手ディストリビューターと契約して利益を得つつ、リージョナル・ディストリビューター経由で小さなブランドを取り入れることができました。

本社から見ると、UNFIを通じてすべて処理するのが効率的であるのは明白です（1台のトラックに請求書1枚のみ、というのは確かに効率的）。それに、リージョナル・ディストリビューターの方がコストはかかります（ディストリビューターの利幅もUNFIより高い）。ただ、より高いレベルのサービスが受けられます。

小さなリージョナル・ディストリビューターとも働くことには、多くのメリットがあります。私が在籍していた頃ほどではありませんが、いまだにリージョナル・ディストリビューターから調達しているWhole Foodsのバイヤーもいると思います。

ただ、それはあくまで一部の地域であり、全米でディストリビューションを目指すのであればUNFIとKeHEが現状唯一の選択肢です。うまくつき合うしかありません。

成功の定義を明確にする

米国市場を攻略するには、まずその構造をしっかりと理解することが非常に重要です。

そのうえで、これは一般的なビジネス戦略ですが、「米国市場に参入する際**の成功の定義が、あなたのビジネスにとって具体的にどういうものかを明確にすること**」が大切です。

それに対する答えは、商品の種類やカテゴリ、企業の規模によって異なります。大企業の場合、ブランドの中核となる創設者のストーリーのようなものがなかったりします。それでも、そのブランドにとって真実で、そのブランドの核をなすストーリーが何かしらあるでしょう。

さらに、米国の消費者の文化に適合させる必要があります。「たこ焼き」を例に考えてみましょう。例えば、日本風のシーフードベースの前菜として位置づけることが可能かもしれません。また、タコの代わりにエビやホタテを使ったものなど、ほかの選択肢を提供する必要があります。

私の考えだと、**1つのフレーバーだけを市場に出すのは得策ではありません**。小売に提案するためには、様々なフレーバーを揃え、それらの**すべての商品が棚に一緒に並んでいるイメージを示す必要がある**でしょう。

これまで何度もニューヨークで中華料理を食べてきましたが、それは私が

子供の頃に食べていた中華料理よりもはるかに本格的です。

しかし、この本格的な味を米国の平均的な消費者は知りません。米国で広く成功したいのであれば、結局のところ、平均的なアメリカ人消費者が何を食べ、どのように調理しているかを理解したうえで、「本格的な味」を調整していく必要があるでしょう。

米国のどの市場にアプローチしたいのか、事業のフェーズとして、どれほどの収益規模を生む必要があるのかという作戦会議は最初に持つべきです。

消費者は誰なのか。彼らが新しい味に挑戦してみる可能性はどれだけあるのか。アメリカ人の味覚や目から見て、「どこか変わっている、でも試してみたい商品」を持ってこられるか。その商品をもっとユーザーフレンドリーに、米国の消費者に受け入れられやすく調整することができるか。こういった点を確認していくと良いでしょう。

創業者の個性を人工的に作る

ナチュラル系とそれ以外の小売の境界は、過去10〜15年間でぼやけてきました。

Whole Foods は、ほぼゼロからナチュラル市場を創出しました。しかし、今ではWhole Foodsで目にする多くの商品は、他の多くの店でも簡単に見つけることができます。

だから、必ずしもWhole Foodsから商流構築を始める必要はありません。とはいえ、同社はまだ非常に重要なアカウントであり、「実証の場」として有効です。Whole Foodsでうまくいっていると言えるならば、それは他の小売との交渉において武器になります。

ナチュラル系小売のチャネル内には、2種類の企業が存在します。

1つは、数十年展開してきた老舗ブランドを持つメーカーとその子会社。もう1つは、売上2,500万ドル未満の比較的小規模なスタートアップブランドで、こちらが大多数です。

7,500万ドルから1億ドルの規模に到達したブランドは、ごく少数です。**創業者自らが強烈な個性を持っている必要はありませんが、何らかの形でそれを人工的に作り出すアプローチが重要**です。

153

あるいは、著名シェフと提携し、シェフの個性を中心にブランドを築く方法をとることも多いです。

多くのセレブリティシェフが、かなり大きなCPGビジネスを持っています。成功するセレブリティシェフのモデルは、まずレストラン事業でブランド力を築き、次にレストランで出していた商品の一部をパッケージングするというもの。David Chang（デビッド・チャン、著名シェフ）のようなモデルは、理想的だと思います。

一方で私は、Wolfgang Puck（ウルフギャング・パック、世界的に著名なシェフ）のファンですが、Wolfgang Puckがライセンスしたミールキットについては、彼自身とあまり結びついていないと感じています。

商品にシェフの名前がついていることで、一定のハロー効果があるかもしれませんが、実際のところ、Wolfgang Puckの商品を地元のスーパーで購入している人々の大多数は、おそらくそのレストランに行ったことがなく、これから行くこともないでしょう。

様々な味のラインナップを提供する

必要なのは正直さです。日本企業の特性を活かすことで、日本らしさのメリットを強調できると思います。既存の市場にはすでに餃子やアジア風の食品が数多くありますが、先述のたこ焼きのような打ち出し方や、異なる味のラインナップによって、探求の可能性は無限です。

醤油や豆腐などのカテゴリには多くのバリエーションがあり、人々はそれについて知らないかもしれません。例えば醤油は、ワインと同じくらい複雑な世界だと思います。製造方法や経過年数など、様々な要因によって異なる味わいがあるのではないでしょうか。

その複雑性や真実性をストーリーに変換し、消費者に届けられるかがポイントです。

第 3 部

どうすれば
米国の消費者の心を
つかめるか

第 **8** 章

米国市場で勝つための
「ブランディング」

日本企業が米国で商品を展開するにあたり、ブランディングは欠かせません。第4章で紹介したOmsomの例からも分かる通り、ブランディングに重要なのは「物語」です。本章末のインタビューにも登場するSteve Gaither氏の1o8 Agencyが支援したブランドの事例を見てみましょう。

Crave Naturalsという会社は、非常にユニークな味のオートミールを展開していました。友人からその創業者を紹介された私は、共にブランド戦略を立てることになりました。

その創業者は、食べ物を医薬品として摂取するという基本的な概念(Food as Medicine)のもと、機能性食品を開発していました。

彼女は中国の家庭で育ちましたが、米国の大学に進学し、多くのアメリカ人が食べる決して健康的とは言えない食品を食べ始めると、髪の毛を徐々に失ったことに加えて、胃の問題も抱えるようになりました。そのため、彼女は一度中国の実家に戻り、以前の食生活に変えると健康を取り戻しました。

その後、母の料理と、幼い頃から食べてきた質の高い食材と機能性食品の研究を始め、「自分が慣れ親しんだ料理をアメリカ人向けの日常食品にどう適用するか」を考え始めました。

その結果、彼女は「1日の始まりに食べるオートミールで、いろいろな風味を試してみる」というコンセプトを思いつきました。

米国のオートミールは、長い間ほとんど代わり映えのしないままでした。味は基本的に、リンゴやシナモン、ブラウンシュガー、メープルなど

で非常につまらない。ところが彼女は、タロイモや黒ゴマといった素晴らしい味（テイスト）の商品ラインナップを考えました。

消費者が小売店でオートミールを見ると、それは「茶色の海」です。我々は在米アジア人に購入してほしいのはもちろんですが、新しいフレーバーを求める一般的なアメリカの人々にもリーチしたいと思っていました。

しかし、店舗で一般的な消費者の注意を引くために与えられた勝負の時間は「1.5秒」しかありません。この1.5秒で、棚を眺めている消費者に強い印象を与える必要があります。

消費者は、例えば子供のサッカーの練習に遅れそうだったりして、常に時間に追われています。パッケージに書かれた物語を読む時間などありません。そんな消費者を振り向かせ、立ち止まらせ、商品を手にとってもらう必要があります。

　一方で、冒険を求めている消費者が一定数いるということも知っていました。そこで私たちは、「冒険をシンプルにする」ことに注力しました。

　まず、会社の名前を「Yishi」に変更しました。これは中国語で「儀式」を意味します。毎朝の始まりに、儀式のようにスピリチュアルな感覚で体に良いものをとる、というブランドメッセージが込められています（写真上がbefore、下がafter）。

　そして、オートミール業界の競合他社が生産者や認証などで差別化を図る中、味の種類に焦点を当てました。米国の消費者が理解できるように、味のブランディングを単純化する必要がありました。

　米国の一般的な消費者の多くは、アジアの食材には馴染みがないかもしれないが、彼らが通うお気に入りのアジアンレストランで経験するような食材や風味に近づければ、心理的な敷居が下がります。

「ああ、アズキアイスクリームね、知ってるよ」「あの黒いやつ（タピオカ）ね、何なのかよく分からないけど、バブルティー（タピオカティー）なら好きだよ」と。

　結果として、米国で馴染みのあるアジアのデザートをベースに、SKUを刷新しました（ウベ、抹茶ラテ、黒ごまなど）。

　オートミールは、甘いか塩気のあるものかどちらかになる傾向がありますが、このブランディングによって、オートミールのバイヤーに「アジア人がほぼ素通りしていたカテゴリ（通路）に、人の流れを作れるかもしれない」とアピールすることができました。

「私たちは既存の棚を侵食するつもりはありません。今後もブラウンシュガー味やメープル味も必要です。でも、タロイモやウベのバブルティーなど、アメリカ人に親しみのある味のSKUを増やすことで、買い物量自体を増やすことができます。相乗効果によって、これまで非常に静かだったオートミールの棚が大きく動き出すはずです」

　これがバイヤーに対するコアメッセージでした。

再ブランディングした結果、全米のWhole Foodsで扱ってもらうようになりました。Sproutsも全米で展開しており、Costcoにも入っています。当初、Whole Foodsの数店舗で5万ドル程度しか売れていなかったブランドが、1億ドルのブランドに成長しました。

パッケージは米国向けに作り直すべき

ブランディングの中でも、検討しなければならない重要事項の1つが、パッケージデザインです。

日本で通用したパッケージデザインも、アジアで展開した時に通用したパッケージデザインも、そのまま米国で成功するとは限りません。

Steve Gaither氏は、データ分析に基づいてブランディングを検討し、そのうえでデザインのコンセプトを作ると説明します。

まず着手するのは、4Cを掘り下げることです。つまり、企業特有の強み（Company）、商品カテゴリ（Category）、競合分析（Competition）、顧客ニーズ分析（Customer）です。

特に、商品カテゴリと競合分析について、私はシンジケートデータ[1]を信頼しています。

私は、フォーカスグループ（消費者の潜在的意識やニーズを抽出する定性面の深掘りを行う調査手法）を信じていません。フォーカスグループで最も声の大きかった人の言う通りにしても、良いものは生まれません。

シンジケートデータを好む理由は、財布から出たキャッシュは嘘をつかないからです。なぜ消費者が商品を購入したのか解明する必要はありますが、少なくとも数字が嘘をつくことはありません。

重要なのは、どうすれば今いるカテゴリからスケールアップすることができるのか。ゼロから新しいものを作るのではなく、商品にひと工夫して今までとは違った食べ方を提案したり、違うパッケージの商品に作り

---

1 調査会社などが定期的に収集・分析し、複数の企業に提供する市場データ。シンジケートデータを取得できるデータ会社については本章コラムを参照のこと。

変えたりすることで、今までとは全く違うカテゴリやジャンルの商品を生み出し、売り場の棚を拡大できるのか。どうすればSRP（Suggested Retail Price、想定小売価格）を下げられるのか。サイズを縮小するのか、形状を変えるのか。これらのことを総合的に見ています。

そのうえで、私はブランドのアイデアを考えます。それには、ブランド名やキャンペーン名、ポジショニングステートメント（具体的にどのカテゴリやジャンルの商品にするのか）などが含まれます。

パッケージデザインも、感覚ではなくデータ分析に基づいて取り組みます。

最初にすることは、競合を見ることです。まず、すべての競合商品を色とフォントで分解します。商品が棚に置かれた時、そこに同化して溶け込んでしまいたくはありません。

GoodBelly（プロバイオティクス飲料メーカー）というクライアントは当初、美しい色鮮やかなパッケージを持っていました。ただ、それを棚に置くと、カメレオンのように全体の風景の中に同化してしまいました。

そこで、黒をベースとしたパッケージを考案し棚に置いたら、棚の風景が一変しました。小売の冷蔵庫内にある照明がパッケージを浮かび上がらせ、「1.5秒のパンチ」を与えることができました。

当時、そもそもプロバイオティクスが何であるか誰も理解していなかったし、特に理解しようともしていませんでした。そもそも、1.5秒では細かい説明は伝えられません。

そこで、色で差別化し、シンプルで意味が伝わるGoodBellyというブランド名を際立たせました。さらに、興味がある人のために、腸の健康や菌の働きに関する物語をパッケージ側面に入れました。結果、これらの変化だけで、ベロシティは300％増加しました。これがパッケージデザインの力です。

同じくSteve Gaither氏がパッケージデザインを手がけたのが、BNuttyという米国のピーナッツバターのメーカーです。プレッツェルやトフィーなどの味を導入した、プレミアムなピーナッツバターです。BNuttyのパッケージデザイン変更について、同氏は次のように語ります。

彼らの商品を最初に見た時に感じた課題は、まるでアロマキャンドルのように見えたところです。一見して、この商品が何であるか分かりませんでした。

そこで、パッケージ下部を茶色にして各SKUの統一感を出しつつ、その上に明るい鮮やかな色を入れました。それによって、ピーナッツバターにプレッツェルやチョコレート、トフィーなどが入っていることを表現できます。こうして、「1.5秒のパンチ」を実現することができます（写真上がbefore、下がafter）。

なお、この商品は当初、非常に高価でした。容器が12オンスの商品に、12ドル99セントの価格がつけられていました。そこで、当該カテゴリのデータとプロダクトデザインを分析しました。

ピーナッツバターは基本的に容器が小さめで、4ドル99セントという価格帯で始まります。ややハイエンドのJUSTIN'Sは、大きめの容器サイズ（16オンス）で、9ドル99セントでした。そこで、サイズを8オンスに縮小し、7ドル99セントという価格設定をしました。

結果、以前は1店舗あたり週販0.5個でしたが、上述の新しいデザインも組み合わさり、1店舗あたり週販3.5個（従前比7倍）を達成しました。

棚に置かれた時どう見えるかを意識したパッケージングが必要であることは、本章末のインタビューに登場するBeyondBrandsのEric Schnell氏も強調します。

米国では、サプリメントやシリアル、飲み物などのカテゴリにおいて、棚に並んだ時のことを考えて、パッケージの「レインボーエフェクト」を考慮することが非常に重要です。

つまり、5種類の異なるSKUの飲み物をローンチするのであれば、赤、青、茶、黄、緑が1つずつあることが望ましい。このカラー効果は、消費者にとって非常に重要です。

例えば、日本のお茶のブランドがニューヨークの小売店に新しいブランドの商品を棚に並べているとしましょう。平均的な消費者の87％は、店に入る前に購入する飲み物を決めています。彼らはお目当ての飲み物を探しているだけです。

さらに、彼らがその飲料コーナーの前で欲しい飲み物を探す時間は、17秒しかありません。そのため、自分の商品は鮮やかで、目立つ色で、消費者が手にとりたいと思うパッケージになっている必要があります。

それに加えて、適切な価格で、正しい表現のキャッチコピーが書かれている必要もあります。そうすれば、消費者に購入してもらえます。

日本人的な発想は捨てる

　日本企業が米国市場に参入する際、「日本人的な発想で、日本国内でヒットしたマーケティング手法をそのまま転用しようとするケースは注意が必要」と、第9章のインタビューに登場するN.H.B. Questの平子治彦氏は言います。
　また、パッケージデザインについては、デザイン面と機能面で注意が必要だと言います。

　　日本の食品メーカーのデザインは、黄・緑・赤といった色味を多用しており、黒やゴールドなどシックな色を使う文化が乏しい印象があります。
　　また、「漫画チックなデザインを使う」「ネーミングを短縮する」といったやり方は、バイヤーからもかなりひどいフィードバックを受けたことがあります。
　　なお、日本の場合、マスターケースが大きいので、壊してインナーケースを取り出して店頭に並べる必要がありますが、米国小売の商慣習では、インナーケースという概念がありません。大きな段ボール（マスターケース）の中に、何個か小さな箱（インナーケース）に分けられた商品が入っているのをイメージしてください。小売で働くワーカーに、この作業をメーカー側が依頼してやってもらうことはほぼ無理です。結果、「インナーケースをマスターケースにする」ことで対応する必要があります。

　同様に、第4章のインタビューに登場した、餅アイスクリームを販売するmochidoki前CEOのClaudio LoCascio氏も、パッケージデザインには「機能性」と「芸術性」の両面があると言います。

　　まず「機能性」について言えば、工場で作りたての美味しさを、最終消費者に届けるまで維持しなければならない。
　　私たちの商品が最終消費者に届くまで、チャネルに応じて異なる輸送ルートが存在します。したがって、それぞれの販売チャネルやサプライチェーンに応じて、パッケージを最適化します。
　　例えば、当社の餅アイスクリームをEコマースで展開するのであれば、

冷凍状態を維持するためにドライアイスとともに輸送します。しかし、多くの梱包素材は、ドライアイスによる極度の冷凍状態に耐えられません。そこで、適切な素材を選び、餅アイスクリームの美味しさを最大限に保つように梱包しなければなりません。

　また、小売店に出荷する場合は、ドライアイスとともに輸送されることはありませんが、トラックに積んで輸送され、どこかで荷下ろしされ、棚に並ぶまで一定期間、倉庫で保管されるでしょう。この場合、どこかの過程でアイスクリームが溶けてしまうことが想定されますが、それでも再冷凍されれば形状が維持されるように、パッケージを考える必要がありました。

　mochidokiにとって競合である某社は、このような努力をしていないので、しばしば形状が変化したり、時には破裂していたりします。

　一方、「芸術性」の観点では、例えば小売店で消費者が買い物をする時、彼らはmochidokiの商品が高品質であることを知らないでしょう。したがって私たちは、パッケージでその事実を消費者に伝えなければなりません。

　我々は戦略として、なるべくパッケージをシンプルにし（ミニマルデザイン）、実物の餅アイスクリームの写真をパッケージの前面中央に配置しました。また、色遣いや全体のデザインも、競合他社とは全く異なるものにしました。

　商品を消費者に認知してもらうためだけでなく、高品質だからこそ他社商品よりも高価であることを正当化するために、パッケージデザインにはこだわりました。

「漢字」で和を表現すべきか

　日本の商品のパッケージデザインとなると、「漢字」を使うかどうかという問題があります。第6章のインタビューに登場した、たまり醤油を主力商品とするSan-J Internationalの佐藤隆氏はこう語ります。

　デザインに漢字を使うかどうかで言うと、最終的には私の判断で漢字

は除きました。ただ、販売先によってかなり変わってくるかなと思っています。

　例えば、日本酒の販売先はほとんどが日系のレストランで、その場合はおそらく漢字は非常に大切です。お寿司が好きで日系レストランへ食べに行く人ももちろんいますが、「日本」もしくは「寿司」という異文化体験を求めていることが多いと思います。

　なので、寿司屋の中のすべての要素が、その世界観に貢献しないといけない。「寿司屋のカウンターにはアジア人を立たせておけ」とよく言われるのは、そういうことです。

　日本酒も同じで、エスニックっぽい雰囲気を醸し出してくれるから、日本語や漢字がパッケージにあった方が寿司屋さんに置いてもらうためにはいいでしょう。

　一方、マスマーケットで一般的なアメリカ人に手にとってもらいやすくしようと考えた時は、日本語や漢字がネガティブに作用する方が強いかなと思っています。

　アメリカ人はかなり保守的なところがあって、やっぱり英語が好きで、判断できないような要素がたくさんあると居心地が悪くなってしまう。そうであるならば、ちょっと不安にさせるような要素、あるいは迷わせてしまう要素は少しでも減らした方が、総合得点として高くなるのではないかと考えています。

　今、米国でも酒蔵が増えてきていて、ニューヨークでも Brooklyn Kura などがありますが、彼らはターゲットをアメリカ人向けに振り切っています。

　彼らは日本酒を学んでいるので、デザインの要素として漢字を使うことは可能なはずです。ところが、商品に漢字を使っているメーカーがあるかと言うと、1社としてありません。彼らは自分の友達や周囲のアメリカ人に売ることを想定して、「プラスにならない」と考えている。みんなが同じ判断をしているのであれば、一般的なアメリカ人向けには漢字は使わない方が良いと言えるのではないかと感じます。

　なお、当社は米国のデザイン会社を使っています。オブザーバーとして私が入っているぐらいで、日本人は介在していません。

弊社の主力商品はたまり醤油ですが、パッケージでは「TAMARI」という言葉を強調しています（写真）。それは、キッコーマンさんが１位を占めるカテゴリなので、同じ攻め方だと勝てないというのがあったからです。
　そこで、「既存のSoy Sauceではなく、新たなカテゴリを作る」という意味で、ブランドとして「TAMARI」を前面に出すパッケージにしています。

　パッケージデザインは、一度決めたあとも見直しが必要だと語るのは、第10章のインタビューに登場する、デロイトのLarry Hitchcock氏です。

　米国の食品の多くのイノベーションは、パッケージングの形でやってきます。パッケージの絶え間ない変化に非常に敏感である必要があります。
　過去数年間の圧倒的なトレンドとしては、消費者が時間に追われていて、移動中にとれる食事や飲み物を欲しいていることです。ここで言う「持ち運べる」とは、あらゆる場所や環境で消費できるという意味です。
　「顧客が商品をどのように使用しているか」「その傾向がパッケージングの設計にどう影響しているか」に注意を払う必要があります。

ここまで、パッケージデザインを中心にブランディングについて見てきました。共通するのは、誰に対し、何を表現したいかという点が大切であるということでしょう。

コラム　SNSの活用

　最近では、SNSを活用してお客様の声を直接聞こうとするメーカーが増えています。第6章のインタビューに登場したSan-J Internationalの佐藤隆氏は、Instagramアカウントを持ち、フォロワー数は約5万人にのぼります。佐藤氏に、SNSの活用について聞きました。

　　例えば、パッケージデザインを数パターン作って、「このABCのうちどれがいい？」とInstagramで聞くと、自分たちでは気づけないような点に着目したコメントがもらえたりします。

　　「パッケージにオーガニックという文字があるけど、あまり目立たないんじゃないか」という懸念が社内であり、「オーガニックを目立たせるためには、どんなデザインがいいか」とSNSで呼びかけたこともあります。

　　こうやってSNSを活用するのは面白いなと思います。

　　実際どのぐらいの人が反応してくれるか、likeやコメントの数を分子とし、フォロワーの数を分母として大まかに計算します。

　　いわゆるインフルエンサーと呼ばれる人たちは、1〜2％近く反応があるとインフルエンス力があると見なされます。なので、我々もそのあたりの水準をターゲットにして運用しています。

　　個人的にやっているレベルなのでお金はかけていませんが、運用の仕方によってはここからつながる商売もとても多い。我々のような中小企業のツールとしては有効ではないかと、近年強く感じているところです。

| コラム　データ会社の比較 |

　米国の食品市場に関するデータを提供する会社としては、Circana（旧IRI）、Nielsen、SPINSの3大プレイヤーがあります。

1. Circana（旧IRI）[2]

設立 1979年

本社 イリノイ州シカゴ

サービス内容 Circana（旧Information Resources, Inc. およびThe NPD Group）[3]は、小売および消費財市場のデータ分析とインサイトを提供。POS（販売時点情報管理）データ、消費者購買データ、顧客ロイヤルティデータを収集して分析し、企業が市場トレンドを理解し、戦略的な意思決定を行うのを支援する。

強み

幅広いデータカバレッジ：食品、飲料、パーソナルケア、家庭用品など多岐にわたるカテゴリのデータをカバー。

カスタマイズされたソリューション：顧客のニーズに合わせたデータ分析とインサイトを提供。

食品のカテゴリ

調理済み食品／生鮮食品／冷凍食品／パン・ベーカリー／乳製品／スナック／飲料／パーソナルケア食品

属性

販売チャネル（オンライン、オフライン）／地域別データ／プロモーションの有無／ブランド別データ／パッケージサイズ／価格帯

2　https://www.circana.com/

3　Circana "IRI and NPD Rebrand as Circana, the Leading Advisor on the Complexity of Consumer Behavior" https://www.circana.com/intelligence/press-releases/2023/news-press-releases-iri-and-npd-rebrand-as-circana/

2. Nielsen（Nielsen Holdings plc）[4]

設立 1923年

本社 ニューヨーク州ニューヨーク

サービス内容 Nielsen は、マーケットリサーチと消費者情報の分野で世界的に有名。主にテレビ視聴率や小売販売データの収集・分析を行い、食品市場においても広範なデータと分析を提供する。

強み
長年の経験：100年近い歴史を持ち、信頼性の高いデータを提供。
グローバルなリーチ：世界中の市場データをカバーし、国際的な比較分析が可能。

食品のカテゴリ
生鮮食品／加工食品／飲料（アルコール含む）／菓子類／調味料・スパイス／健康食品・サプリメント

属性
販売経路（スーパーマーケット、コンビニ、専門店など）／地理的分布／広告・プロモーション効果／ブランドシェア／消費者の購買行動／パッケージタイプ

3. SPINS[5]

設立 1995年

本社 イリノイ州シカゴ

サービス内容 SPINS は、主に自然食品、オーガニック製品、健康関連商品の市場データとインサイトを提供。健康志向の消費者市場に特化したデータを収集・分析し、小売業者や製造業者がトレンドを理解し、戦略を策定するのを支援する。

---

4 https://www.nielsen.com/
5 https://www.spins.com/

強み

健康・ウェルネス市場の専門性：自然食品やオーガニック製品に関する詳細なデータを提供。

トレンド分析：最新の消費者トレンドを迅速に把握し、マーケティング戦略に活用。

食品のカテゴリ

自然食品／オーガニック食品／グルテンフリー食品／Non-GMO食品／ベジタリアン・ビーガン食品／機能性食品

属性

健康・ウェルネス関連属性（低糖、低脂肪、高タンパクなど）／エシカル・サステナビリティ（フェアトレード、クルーエルティフリーなど）／ブランド別データ／消費者トレンド／小売チャネル別データ／プロモーションの有無

　本章末のインタビューに登場する1o8 AgencyのSteve Gaither氏に、日本の食品メーカーにおすすめするデータ会社について聞きました。

　　資本力があれば、3社とも活用することをおすすめしますが、一般的にはNielsenとSPINSのどちらか1つは必要だと考えます。さらに、ブランド戦略を策定する時は、私ならCircanaも含めます。3社のデータを確認せずに何かをデザインしたり、クライアントに何かを推奨することはできないです。

　　しかし非常に高価で、数十万ドルになる可能性があります。契約前にどれだけの情報量が必要か、よく検討すべきです。最初から継続的なサブスクリプションを契約したり、カスタマイズされたデータ分析が可能なパートナーシップを結んだりするのではなく、まずは業界の概要を理解するために単発で契約する方が良いかもしれません。

　　Circanaは、総合的に素晴らしいデータ会社です。一方で課題は、商品のカテゴリ分けや属性の粒度が少し低いことです。

　　SPINSは、属性が非常に充実しています。Circanaと提携しているので、ナチュラル系とコンベンショナル系の両方の販売データを取得しています。ただ、非常に高価です。

Nielsenの良い点は、Whole Foodsを含む全米の食品すべてを取得できることです。Whole Foodsのデータは、他のどこも持っていません。例えば、私がナチュラル系のデータを欲しい場合、たとえSPINSを利用しても、Whole Foodsを除くすべてのナチュラル系小売のデータの取得になります。

一方、Nielsenは一部のカテゴリ分けが不自然で、入手が難しいデータもあるのが弱点です。

データ会社は、本当に使える良いデータとパラメータ（分析指標）を提供しているところを選ぶ必要があります。

そして、そのデータを使いこなす方法を知っている優れたデータアナリストと連携しなければなりません。そのデータを小売業界の実態・現場と照らし合わせて、「本当の意味で何を示しているのか」を導き出せる人と連携するのです。

私自身、本当に優れたアナリストと連携して、市場のホワイトスペースを見つけることに集中しています。もっとも、良いブローカーと提携すれば、そのブローカーもCircana、Nielsen、SPINSにアクセスするはずです。

メーカーとしてデータ会社を選択するにあたり、どの程度の深度やスコープで分析を行うかについては検討が必要です。

マーケティングから価格設定まで データを活用して戦略を立てる

DTCとAmazonを中心に、食品メーカーのブランディングとEコマースを支援する1o8 Agency。DTCのマーケティング、価格設定の考え方、データをどう活用するかなど聞きました。

スティーブ・ゲイサー　Steve Gaither
Executive Vice President of Growth and Strategy　1o8 Agency
2000年にJB Chicagoを創業、ユニリーバやGoodbellyをはじめ様々なクライアントのブランディングを支援。2019年にC.A. Fortuneに売却し、同社でCMOに就任。2022年より現職。

　1o8はブランディング（クリエイティブ）とEコマースを軸としたエージェンシーです。私たちはクライアントが市場のホワイトスペースを攻めるため、彼らが得意とすることを市場ニーズと一致させます。

　クライアントのブランドアイデア（ブランドが表現・訴求したいことの本質）を特定し、それに基づくパッケージデザインの再検討、DTCやAmazonのチャネルでの展開支援を行います。

　パンデミックの前は、消費者の多くがスーパーマーケットの実店舗で食料品を購入していました。しかし、パンデミックが始まると、彼らはすぐにAmazonの非対面チャネルに切り替えました。

　大量の注文を受けて、Amazonの出荷日数は2日から30日に長期化しました。消費者は困り果てましたが、**ブランドがそれぞれのShopifyのウェブサイトで商品を直接消費者に販売していたので、消費者はAmazonからDTCへ移行**しました。

　そして、例えばKrogerのような小売業者は、InstacartやShopifyで食料品を購入する人々を見て、これらのサービスが消費者を実店舗に引き寄せていると感じました。

　そこで、Krogerなど大手コンベンショナル小売も**カーブサイドピックアッ**

プ（店頭受け取り）や配達を中心とした「クリック＆ブリック」の取り組みを始めたわけです。

DTCのチャネルは、コロナが収束し他のチャネルが再び回るようになると少し勢いが落ちました。それでも、まだ素晴らしいチャネルです。**DTCの良い部分は、機動性の高さと、比較的迅速に一定の水準まで売上を成長させられるスピード感**です。

私は、複数のチャネルを組み合わせ、消費者の流れを臨機応変に転換させられる「マルチチャネル戦略」を支持しています。

DTCで達成を目指す指標

基本的に私の支援プログラムでは、3カ月の間にゼロ（コスト先行でマイナスの状態）から利益を上げるブランドに変革することをターゲットにしています。

消費者をクライアントのマーケティングファネル（ブランド認知から購買までのプロセス）に取り込むために、有料検索を行ったり、メタ広告を行ったり、アフィリエイト戦略を展開する必要があります。

業界的に重要な指標（KPI）としては、ROAS（Return on Ad Spend、広告宣伝費1単位あたりの広告宣伝による利益）があります。

消費者をファネルに取り込み、メールやSMSで再ターゲティング（リマーケティング）して、同一の消費者のリピート率を高め、もっと多くもっと頻繁に購入してもらう。その「ブレンデッドROAS」の動向をフォロー・分析することが極めて重要です。

戦略的なリマーケティングによって、いかに「1回分のROAS」を「5回分のブレンデッドROAS」に変換させ、持続的にROASを引き上げることができるかが勝負です。

また、私がメルクマールにしているのは「LTV/CAC Ratio が3倍以上（LTV：Lifetime value〔顧客から得られる長期的価値〕、CAC: Customer acquisition cost〔顧客獲得費用〕）」という指標です。**つまり、1ドルを顧客獲得コスト（CAC）に費やす場合、そこから3ドルの長期価値を得られるかどうか**を見ています。

なお、デジタルマーケティングの進化により、DTCとAmazonのチャネルでは、マーケティング活動の成果を正確に測定することが可能となりました。

同様に小売業界でも以前は、マーケティングと小売実店舗での実態には大きな差がありましたが、現在では郵便番号単位で広告を展開し、効果的なランディングページを作成することで、消費者の行動を詳細に追跡できます。

　広告による売上増加（リフト）を単に期待するだけでなく、実際にマーケティング施策の成果を測定できるようになりました。kroger.comの売上から消費者が商品をより求めている地域を特定し、実店舗でのプロモーションを効果的に行ったり、PromoteIQ（Krogerが提携しているオンライン小売向けマーケティング会社）を活用し、Krogerの顧客のポイントカードから確認できる実店舗での商品購買実績をもとにオンライン広告を効果的に打ったりすることができます。

Amazonを活用するメリット

　私はDTCだけでなく、Amazonも利用します。Amazonは通常のDTCチャネルとは少し異なるものと捉えています。

　必ずしも、新しい顧客をAmazonに誘導しようとは考えていません。すでにAmazonユーザーである消費者に向けて、AmazonのSEO（Search Engine Optimization、検索エンジン最適化）を行います。つまり、**Amazon検索で言葉を入力した時に、自分たちのブランドを見つけてもらうための工夫**をします。

　Amazonでクリック課金型広告（PPC＝Pay-per-Click）を運用し、自社商品と関連する用語に紐付けたリスティング広告とディスプレイ広告を利用します。

　また、DTCのチャネルとAmazonのチャネルを双方持っていることによって、Shopifyを使用したDTCサイトにAmazonの購入リンクを張ったり、DTC顧客にAmazonの購入リンク付きのメールやSMSを通じて販促活動をすることで、Amazonのアフィリエイトによるキャッシュバックを狙ったりもできます（Amazonは外部サイトからAmazonの購入ページに誘導した場合のキャッシュバックプログラムが存在）。

　したがって、ShopifyサイトとAmazonのいずれのチャネルで消費者のニーズを満たすかを臨機応変にスイッチすることができます。

実店舗とDTCを行き来する

各小売業者には、5つのトレードスペンド（経費支出）があります。①**スロットフィー/スロッティングフィー**と②**フリーフィル**は、棚の場所代にかかるコストであり、収益を生まないので極小化する必要があります。

③**デモ**、④**プロモーション**、⑤**ディスプレイ**の3つは、リターンを生むためのコストなのでうまくつき合う必要があります。

例えば、パンデミックの初期、私は食品・飲料業界のブローカーであるC.A. Fortuneにいましたが、メーカーの営業担当とこんな話をしました。「5万ドルをスロッティングフィーとして支払うくらいなら、なぜkroger.comに5万ドルを投資しないのか」と。

実際、kroger.comでは、5〜8倍のROASを得ていました。パンデミック中は、棚の場所を押さえるだけのためにお金を払ったり、実店舗の商品が回転せず無駄にしたりするより、はるかに良い結果を得られました。

現在、1o8では、実店舗のチャネルを側面サポートすることも行っています。実店舗は、DTCやAmazonを成長させることができます。しかし、ある時点で必ず売上の鈍化にぶつかります。

その時、どのようにして実店舗とそれ以外のチャネルを行ったり来たりさせられるのかがポイントです。

結局のところ、常に小売の実店舗のチャネルをサポートし続けることが重要であり、それがDTC、Amazon、クリック＆ブリックのチャネル全体の収益性につながります。

ちなみに、小売店への参入費用や販促費用を管理するソフトウェアがいくつかありますが、私自身は販促費用やそれに伴うディダクションの管理プラットフォームのPromomashを使用しています。

これは、トレードスペンドの計画策定や管理を行ううえで使い勝手が良いです。月額3,000ドル程度ですが（本書執筆時点）、専門の人材を年3万6,000ドルでは雇えないので、経済合理的です。また、小売ごと、DC（ディストリビューションセンター）ごとで分解して管理することもできます。

ほかにもいろいろ選択肢はあると思いますが、今のところPromomashは良い解決策になっています。

価格設定の考え方

DTCの場合、3PLとの連携が必要です。3PLは専業の食品ディストリビューターではなく、割高なケースが多いため、ロジスティクスの経済性が合うように一定の注文数に届いている必要があります。

DTCに最も適している商品特性は、①重量が軽く、②常温で、③コンパクトで、④高価な商品です。

例えば、私はプレミアムチョコレートの会社と仕事をしています。チョコレート市場は飽和していますが、高価格帯のプレミアム層をターゲットに、1ポンド（約454グラム）あたり65〜100ドルでチョコレートを販売しています。

また、サフランという高価で非常にコンパクトな商品も販売支援しています。これは1個あたり20ドルです。

価格設定する際、私は「マージンカリキュレーター（利益計算するもの、エクセルのスプレッドシートなど簡易なものでも良い）」を愛用しています。自分のクライアントであるメーカーにとって、想定マージンが合理的であると判断できない限り、何も意思決定はしません。

大まかなイメージですが、初めに大体のSRP（想定小売価格）を置きます。

次に、ほとんどの小売業者（Whole Foods以外）のマージンである35%を差し引きます。

さらに、メーカーとしてのCOGS（売上原価）を分解して考慮します。業界の商慣習に鑑み、私は常に最初からトレードスペンドをCOGSから差し引き20%で計上します。

そのうえで、ディストリビューターのマージンと私自身（1o8）のブローカーマージンを入れます。水準は商品カテゴリによりますが、通常15%で計上します。

よって、理論上のメーカーとしての想定マージンは、残りの30%前後であるべきです。

ただ、商品のローンチ当初は、プロモーションなどの費用が通常よりも多く必要なため、トレードスペンドを保守的に+10%の30%とし、メーカーのマージンを20%で設定する場合もあります。

1年後、軌道に乗っていればトレードスペンドを少しずつ20%に近づける

でしょう。

よって、私がメーカーの立場で小売業者とプロモーション戦略を考える際の予算は、常に頭の中では「SRPの20%+」で考えています。

現地生産すべきか否か

米国に輸出するか、現地生産するかという問題があります。現地生産は、現地でのトータルコストが安い場合、他の条件が同じ前提であれば米国での商流構築では強みになります。

一方で、私は海外からの輸入を支援する当地コンサルと連携しており、彼らのような存在がいれば輸入でも特段問題ありません。そのコンサルは、co-packer（契約によって相手企業の商品を生産する生産受注元のこと）や、米国で入手できる材料（日本からだと規制で米国へ輸入できない原料があるため）を利用して商品を再現するために必要なR&Dを評価する機能も持っています。

多くの国では、輸出を増やしてGDPを拡大したいと思っているはずなので、税制上のインセンティブがあったりします。

例えば、私はインドの会社と仕事をしていて、同国には輸出に関する税制上のインセンティブがあったので、米国で現地法人（LLC）を登記したうえで、インドで製造して米国に出荷する方が約30%コストが安くなりました。最終的には為替の影響を考慮しますが、インドから出荷する方が安いという結果が出たわけです。

コストベネフィットを輸出と現地製造の両方のルートで分析してみると良いでしょう。

米国に進出するにあたり、重要なことは4つあります。

まずは、**米国は他の国際市場とは全く異なると認識すること**。その複雑性は、ある意味で挑戦者を謙虚な気持ちにさせます。

米国も他の市場と同じようなものだと考えて来ないでください。小売業者、ディストリビューター、消費者、チャネル、アプローチ方法、どれをとっても米国のような国はほかにありません。

2つ目は、**信頼できる人々と連携すること**です。米国のブランドですら、この業界の全体像を理解するのに苦労しています。この業界は非常に複雑だか

らです。

マーケティング、セールス、オペレーションが連動して一体的に動くことが必要です。それが可能であり、信頼できるパートナーを探してください。

3つ目は、**マージンカリキュレーターとシンジケートデータを使い、常に数字で分析し戦略を検討すること**です。

最後は、**米国のアジア系市場だけを追求しないこと**です。日本の商品を日系アメリカ人のコミュニティで販売することは比較的容易ですが、市場自体が非常に小さく、事業の拡大が制限されてしまいます。

ナチュラル系小売チャネルは約3,000店舗、コンベンショナル系小売は約4万店舗、コンビニエンスストアなどを含めると、膨大な数の店舗が見逃されることになります。

チャレンジングですが、挑戦する価値はあると思います。

まずは1年目の成功を作る──
いきなり急拡大を目指す前にすべきこと

米国へ進出する外国の食品メーカーを支援するBeyondBrands。そもそも進出すべきか否かの検討で考慮すること、最初の1、2年で具体的にすべきことや目指すべきことについて聞きました。

エリック・シュネル　Eric Schnell
Founder & CEO　BeyondBrands
ナチュラル系食品業界で25年以上の経験を持つ。特に、オーガニック飲料、フェアトレード商品、プラントベース食品、サプリメントなどに知見を持つ。Steaz、Good Catch Foods、RUNA Teaなど複数のブランドを立ち上げてエグジットしている。

　BeyondBrandsは食品市場において、新しいブランドや商品の立ち上げ、起業家のサポートを行っています。当社の事業は大きく分けて2つあります。1つ目はグローバルな食品・飲料メーカーに対する米国市場への進出支援。もう1つは、起業間もない新興ブランドの事業開発支援です。

　事業コンセプトの作り込みの段階から、約1,000万ドルの収益までの事業拡大に焦点を当てています。パッケージングやブランディング、デザイン、事業戦略、財務予測、投資家向けの財務モデリング、資金調達、セールスサポート、マーケティングサポートなどを行っています。

　クライアントのうち1割は、国際的なブランドです。彼らは米国にインフラやチームがないため、私たちを雇います。

　すでに米国に参入している残りのブランドの大半は、飲料、食品、サプリメント、美容など、Whole Foodsのようなナチュラル系食品店でよく見る商品を取り扱っています。特に、オーガニック、フェアトレード、環境循環型ブランドなど、よりプレミアムな商品に焦点を当てています。

人は「感情」で購入する

　私は、米国のナチュラル食品業界でキャリアを築きました。もともとは大手ビタミン会社で働いていたのですが、その後、東洋文化のお茶やハーブに強く感銘を受け、マカ茶、中国茶、日本茶、東南アジアのものまで多くを学びました。

　その会社は1999年、小さなお茶の会社を買収し、私はその会社の社長になるよう頼まれました。30歳の時です。数年後、この会社をキッコーマンに売却しました。

　私が初めて日本文化や日本企業の経営者と関わったのがこの時です。それ以来、私は日本文化について多くを学び、いまや企業文化を深く尊敬しています。

　さらに、2002年11月に世界初の有機スパークリングティー会社（ブランド名Steaz）を設立、14年間で約3,000万ドル規模の会社に育てました。スイスのネスレグローバルが私たちの主要な投資家となり、2015年に会社を売却しました。

　その後、妻のMarciと共同で設立したのが、BeyondBrandsです。

　私たちは、日本の起業家が米国の消費者の心理を理解し、ブランドや商品のマーケティングという面で何を求められるのかを理解するのを助けていきたいと考えています。

　最近では沖縄の起業家たちにコンサルティングを行っており、彼らは米国への商品の輸出やサプライチェーンの構築、あるいはブランドの設立を検討しています。

　また、日系のサプリメント会社とも取引しています。この会社は日本で数百点のラインナップを持っています。その中でも米国向けに最も適していると考えられる10点の商品を選び、そのパッケージングやマーケティング、キャッチコピーを作り直しています。

　これは、**米国の消費者が求めるものに適応させる**ためです。日本の言葉やフレーズを米国向けにチューニングする作業を行っています。

　初めての商品を購入する時、人は「感情」に基づいて選択をします。アメリカ人は日本のブランドを知らないかもしれませんが、パッケージングやブランディングに何らかの感情的なつながりを感じてもらえれば、手にとって

もらえる機会が増えます。

メーカーの一員として行動する

クライアントが当社の「フラクショナルマネジメント」というサービスを希望するのであれば、年間契約を締結し、営業、マーケティング、オペレーション、財務といった各機能軸のディレクター、またはVPとして、彼らのチームの一員として行動します。

その場合、私たちはクライアントのドメインのメールアドレスを使用します。彼らの米国のチームとして代表するならば、クライアントの米国事業を担うことになるので、これは大切なことです。

外部からは私たちはメーカーに所属しているように見えるので、コミュニケーションがスムーズになります。

現場でフルタイムの人員を採用する場合と弊社のフラクショナルマネジメントを活用する場合の大きな違いはコストです。具体的には、3分の1から4分の1のコストで同じ役割、同じ責任を果たします。それが「フラクショナル（分数）」の意味することです。

ブランドが500万ドル以上の収益を上げるようになったら、おそらく資金調達力がついてきているため、自分たちでフルタイムチームを雇うことができるでしょう。ブランドが成長するにつれて、自分たちのフルタイムチームを構築してもらうことが、私たちが最終的に望むことです。

まずは最初の1年で実績を作る

国外のクライアントが米国に進出する際、よく見られる認識のズレがあります。

米国に商品をローンチすると言うと、「東海岸から西海岸まで全国規模でのローンチを意味する」と考えるクライアントが多いのですが、それは誤りです。

広範囲にわたって浅く広げた結果、数千の取引先を持てるかもしれませんが、それぞれの取引先でどれほど深くビジネスを展開できるでしょうか？

これは、多くの機会をばら撒き、消費者が自分たちを見つけて購入してくれることを願う「ばら撒き戦略」となってしまい、成功しません。

私たちが推奨するのは、商品が西海岸または東海岸に輸入されている場合、その海岸を当初のターゲットエリアとして選ぶことです。

日本からの商品の多くは、ロサンゼルスまたはニュージャージー州ニューアークの倉庫に入りますが、その港は非常に重要な物流のハブとなります。したがって、私たちは1年目に商品が到着する場所に焦点を当て、そこから市場を構築することを好みます。

一般的に、ほとんどの海外ブランドは、最初の約1年間、商品を船で輸出することになります。最初から現地製造を開始することはありません。

ビジネスが定着し、米国でうまくいくと分かるまでの1〜2年を経てから、原材料を送り当地での製造者を見つけるのが最善の方法です。一般的にそう推奨しています。

新しい市場に参入する際は、何かしらの課題が生じることは確実です。そのため、私たちは、最初の1年間を通じて正しい店舗選択や正しいチャネルが何かを理解するプロセスを経験してほしいと思っています。

例えば、米国のスーパーチェーンや他業態などに販売することになった場合、一部のチェーンは他のチェーンに比べ、商品のSKUでのパフォーマンスがはるかに良いと分かることもあります。

そして、最初の1年で最も成功したもの、最も核となる消費者層を見つけた場合は、2年目にそのタイプのチェーンへの商流構築をさらに追求します。

例えば以前、ロンドンのサプリメントブランドをTargetでローンチしました。これは、彼らが狙いたい価格帯の消費者にTargetの消費者が該当したため、正しいアプローチでした。

その結果、Targetだけで初年度に400万ドルの収益を上げることができました。この成功がWalmartでのローンチの足がかりとなりました。

最終的には、商品のタイプとその商品にふさわしいMSRP（Manufacturer's Suggested Retail Price、メーカー希望小売価格）**次第**です。

東南アジアや日本からの輸入商品は、すでに多額の送料がかかっています。したがって、どんな店の棚に配置してもらいたいかを考える必要があります。

182

例えば、競合する商品が1本19ドル99セントで、日本からの商品が29ド
ル99セントである場合、商品が初日から厳しい位置づけになることは明白
です。

そのため、**1年目に成功するためには、まずターゲットとする場所を正確
に特定することが非常に重要**です。

あまりにも急速に多くの取引先を増やすと、店舗でのプロモーションなど
の配慮が行き届かず回転率が低くなり、データ上でも成績の悪いブランドと
してバイヤー側に認識されてしまい、次のチャネルへの拡大が難しくなります。

したがって、私たちはNielsenやSPINSのデータを見て、**1年目に数百の取
引先を持ち、平均を上回るパフォーマンスを出す方が、1年目に数千の取引
先を持ち、サポートが行き届かず平均を下回るパフォーマンスを出すよりも
よほど良い**と考えています（いわゆる、小さく始めてきめ細かな対応をしていくこと）。

これはいわゆるパレートの法則（2:8の法則、顧客全体の2割である優良顧客が売上
の8割を上げている法則）に基づくものです。

消費者がブランドに恋をする方法を導き出す

米国市場を目指す日本企業にまず伝えたいのは、「**CPGカテゴリのビジネ
スアイデアを持つ起業家は無数に存在し、常にすべてのカテゴリが混雑して
いる**」ということです。

それを踏まえたうえで、「ブランドが成功するチャンスは本当にあります
か？」と聞かれれば、答えは「YES」です。

**既存のブランドにはなくて小さなブランドにはある何かが、消費者の心に
響く可能性は常にあります。消費者がブランドに恋をする方法、それを導き
出すことが大切です。**

例えば5つのSKUの商品だとしても、その1つだけで良いので、消費者が
恋に落ちるものである必要があります。

アメリカ人は「**消費者は自分のお金で企業に投票をする**（モノを買うことでそ
の企業を応援する）」という感覚や考え方が大好きです。彼らは、消費者に「健
康を改善するか」「利便性を提供し生活を助けるか」「生活の質を向上させる
か」という観点から、熱意を抱き、心のつながりを感じたブランドの商品を

購入します。

　そのような感覚が強い購入者を「Loyal Brand Evangelist（忠実なブランドの伝道師）」と呼びます。

　最終的に、全米の「数百万人にまあまあ好かれる」より、「数十万人に熱狂的に愛される」方が望ましいと思っています。

　あなたのブランドを愛していれば、彼らは忠実なブランドの伝道師になります。米国でのビジネスを成功に築く方法はそこにあります。

　そして、「あなたはどのように彼らの心に触れるか」、あるいは「心に触れてあなたにどう忠実になってもらうか」を考える必要があります。最大のアンバサダーは、あなたの商品に忠実な顧客です。

　すべての挑戦者が、平等な機会を持っています。食品および飲料の起業家になるための教科書やMBAコースは存在しません。Just do itです。そのうえで、闇雲に動くのではなく、経験豊富な起業家、経験豊富な当地のCPG業界の専門家との協力は、成功の可能性を上げる方法の1つです。

自分たちの商品の価値は何か？──
価値の周りにコンテンツを作る

広告代理店出身で、BeyondBrandsで日本のスポーツドリンクの米国市場参入を支援した経験を持つJeff Smaul氏。消費者にどう価値を伝えるか、ウェブサイトでどう価値を表現するかについて聞きました。

ジェフ・スモール　Jeff Smaul
Founder　Mile 9
クリエイティブ・ディレクターとして20年以上の広告制作の経験を持つ。これまでにFitness Kitchen、K-Swiss、Tejavaなど多数のブランドを担当。BeyondBrandsを経て独立。

　私は美術学校を卒業後、食品会社ネスレで約2年間働き、ブランディングを学びました。そこから18年間ほど自分の広告代理店を経営しました。
　創業当初はFox、Warner Brothers、ABC、ESPNなどのクライアントと仕事をし、その後、大塚HD傘下のPharmavite（Nature Madeなどを展開するサプリメント大手）やクリスタルガイザーなどたくさんのプロジェクトを担いました。
　そして数年前、小さなブランドの成長を支援するためにBeyondBrandsに参加しました。
　メーカーが素晴らしい商品を作るためにお金をかけても、それが何であるかを伝え、消費者とつながるブランドになっていなければ売れません。
　最近では、日本のスポーツドリンクの米国市場参入について、日本の水分補給ドリンクとしてのブランド認知を高め、サンプリングするための提案をまとめました。
　食品や飲料に関しては、購入してもらうには多くの人に試してもらう必要があります。そこで、特定のセグメント、例えばランニングやトライアスロン、ビーチバレーボールなどのスポーツシーンにおいて1年で約80以上のアクティベーション（試飲プロモーションの実施など）を行いました。
　日本のスポーツドリンクは、運動前後に水分補給するための飲料であり、

運動によって体から排出された糖分や塩分、電解質を補給することができます。一方で、米国のGatoradeやPoweradeなど水分補給ドリンクは、よりスポーツに特化しており、水分だけでなくエネルギーも補給するように砂糖分が多く作られていることが多いです。

でも日本のスポーツドリンクなら、米国の水分補給ドリンクに比べて砂糖分が少なく、罪悪感を覚えずに飲むことができる。その点に着目しています。

ウェブサイトで価値観を伝える

新しいブランドが市場参入する場合、まずブランドアーキテクチャを構築するところから始まります。つまり、「自分たちは誰なのか、何が自分たちをユニークにしているのか、消費者にとっての価値提案は何か、消費者は誰なのか、その消費者にどう語りかけるのか、自分たちにはどんな主張があるのか」──これらを特定することです。

特定できたら、それにまつわるコンテンツを作成し始め、ふさわしい場所に行ってサンプリングを行ったり、広告やマーケティングを行ったりします。

ウェブサイトは、ブランドとしての価値観を伝える場所の1つです。

まず、ホームページ（URLをクリックして最初にたどり着くページ）は、消費者に「商品が何であるか」「何（文化なのか、世界観なのか）を代表しているか」を知らせ、「商品を試したい」と思わせるだけの情報を提供するべきです。

創業ストーリーが非常にユニークで価値提案の大きな部分を占めるのであれば、ホームページに置くと良いでしょう。

ホームページより下の層のページでは、例えば、飲料なら各種のフレーバーについて、またはユニークな成分があればそれを強調することをおすすめします。

ウェブサイトでは、必ずライフスタイルのイメージを提示して、商品を手にとっている自分自身が思い浮かぶようにします。

デジタルマーケティングを使えば、特定の郵便番号や特定のタイプの人々、彼らが見るローカル番組などに「ジオターゲティング（消費者の位置情報からセグメント化してマーケティングに利用する技術・手法)」することができます。

しかし、本当に重要なのは、まずは一歩下がって、「自分たちが誰であり、

何であるか」を明確にすることです。それがなければ、成功することはできません。**あちこちにダーツの矢を投げるだけでは、成功は得られません。**

　ある程度の資本力があれば、自分たちでブランドアーキテクチャを構築できますが、質を上げるのであれば、外部の人間によって客観性を保つことをおすすめします。

　自分たちのブランドについて客観性を持って考えることは非常に難しい。ブランドオーナーはあまりにも自身のブランドに没入しているので、外部からの客観的な視点が必要です。

第 **4** 部

米国市場に進出するための
手段は何か

第 **9** 章

中小企業にも戦い方はある

　中小企業が米国進出する場合、当地の日系食品スーパーへの商流構築を最終目標とされる方々がかなり多い印象です。

　一方で本書の目的の通り、本章では「米系の小売など非日系チャネルへの商流が最終的なゴールである中小企業」を念頭に置いています。

　もちろん、日系食品スーパーへの商流構築によって米国市場における認知を高め、次のステップとして米系への商流構築を目指すという2ステップの事業開発も検討する必要があると思います。既存の人員や体制面などを考慮して検討するべきでしょう。

　ただ、**日系と米系では商流構築のプロセスそのものが全く違うため、難易度も、最低限必要となるであろう金銭的および時間的な投資の規模も異なります。**「日系の商流で学んだことが米系ではほぼ活かせず、貴重な時間とお金を無駄にしてしまった」とならないよう、十分に考慮したうえで判断が必要だと感じています。

　これまで米国市場への参入支援を行うにあたり、私たちは企業規模を問わずたくさんの企業と対話してきました。確かに、資本体力のある大手企業なら、米系の比較的高額な外部パートナーとの連携や、M&Aを含む様々な打ち手を検討することができます。その投資余力に裏づけされた市場参入の優位性はあります。

　一方で、そのような大手企業にのみ米国市場への舞台が開かれているというわけでは決してありません。**米国食品業界で勝ち残るために必要な「高い柔軟性」と「迅速な意思決定スピード」といったスタートアップ的な要素は、むしろ中小企業の方が備わっている**場合もあります。会社の規模が小さいこ

とが、有利に働く場面も多いと感じています。

業界構造を理解したうえで、①**比較的安価な現地事業連携パートナーとの****リレーションを構築し、**②**柔軟なプロダクトマーケットフィット**（商品を現地市場向けに調整していくこと）**を実践し、**③**迅速な意思決定を行う体制を整えることがとても大切**になると感じています。

Jカーブをどこまで掘れるか

中小企業の方と連携させていただく中で、以下のような発言を現地の進出コンサルの方や米国でネットワークしている米国人からよく耳にします。

「米国市場は日本・アジア市場とは全く異なる市場であり、日本国内での販売やアジアへの輸出における成功体験はいったん忘れましょう」

「日本人の職人気質から来るこだわりは、プロダクトのストーリー性を持たせるためには非常に大切です。一方で、"過度な"こだわりは、米国で事業を行う時にはマイナスに働くこともある。現地の意見や商慣習を柔軟に取り入れ、組織の意思決定プロセスや商品のデザインを変更していきましょう」

米国市場を目指す際、入り口の段階でこのようなマインドセットを持つことはとても重要だと感じています。

例えば、アジア向け輸出なら、商品はそのままで、ラベルを変更するのみで商流構築が実現することがあります。過去にアジアへの輸出で成功体験を積んだ方が、指揮命令系統の上位マネジメント層にいる場合、「アジアはそのままのデザインで成功したのだから、米国も商品のデザインを変更する必要はないのでは？」と考えてしまう。

それによって、検討の柔軟性やスピードが落ちてしまうケースをたくさん見てきました（一方で、「なぜデザインを変更しないといけないのか」という問いは非常に有益です）。

中には海外事業開発担当責任者の方から、「このような過去の成功体験を

持つ上席に対し、米系チャネルには全くゼロベースでの商品開発が必要であるという共通認識を醸成するまでに（≒スタートラインに立つまでに）1〜2年を要した」という声もよく聞きます。

大手企業に比べ、中小企業は資本バッファーが薄いです。米系チャネルへの投資は、「Jカーブ（投資が先行したあとに損益分岐点を超えるまでの様子を表したもの）」を描くものです。**「どこまで掘れるか（金額軸）」、そして「どれくらいの期間、掘り続けられるか（時間軸）」ということを、最終的になりたい姿（To Be）と重ね合わせて議論することは極めて重要**です。

これまで中小企業の米国事業撤退も見てきましたが、最終的に「なりたい姿」とこのJカーブの組織的なすり合わせができているかが、合理的な撤退基準の設定にもつながると感じます。

あくまで参考程度ですが、図9-1は、米国食品市場への参入におけるキャッシュフローの動きについて、私がこれまでの取り組みを通じて抱いたイメージです。

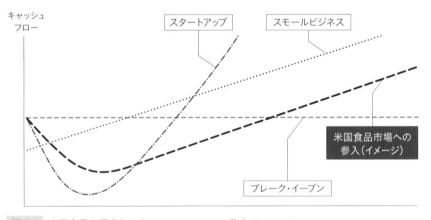

図9-1 米国食品市場参入のキャッシュフローの動き（イメージ）

米国の食品市場参入は、おそらく図の**①スタートアップと②スモールビジネスのキャッシュフロー特性の「良いとこどり」ならぬ「悪いところどり」になる可能性が高い**です。これは、発生し得るリスクを想定したシナリオ（ストレスシナリオ）ではなく、普通に起こりうるシナリオ（メインシナリオ）として考えておいた方が無難、つまりサプライズが少ないと思います。

米国進出においては、売上が立つまで投資が先行します（①スタートアップのキャッシュフロー特性）。それなのに、食品というプロダクトは最新のテクノロジーに裏づけされた商品などではないため、売上が立ったあとも急激に拡大することはなく、生産量を増やしながら少しずつ地域を広げ段階的に事業が拡大する（②スモールビジネスのキャッシュフロー特性）ことになります。

ケースバイケースではありますが、この①と②の組み合わせが、おそらく実態に近いと思っています。このキャッシュフロー特性を理解したうえで、適切に事業をコントロールしていく必要があると感じています。

また、そもそも「悪いところどり」のキャッシュフロー特性を踏まえると、「1～2年以内に海外事業の連結収益を向上させる」という短期的なゴールを掲げる企業には戦略的にフィットしません（アジアへの輸出で追加収益を短期的に獲得できた成功体験を持つ企業は、特にその狙いがあるかもしれません）。

その場合、「そもそもなぜ米国進出を狙うのか」という本質的な問いに立ち戻る必要があります。それは、最終的に企業として「なりたい姿は何なのか」を明確にするとても良い機会になると思います。

現地パートナーと連携する

そんな中、中小企業の方々においては、「米国市場を本格的に検討するべきかどうかの本当の最初の一歩」について、何はさておき日本語が話せる現地の食品業界の方に相談・直接対話してみたいというニーズも多いと思います。

私たちもそのような声を多数伺う中、中小企業による市場参入を支援する「Washoku海援隊」の組織の立ち上げにも携わらせていただきました。これは、現地の食品メーカーなどを経験され、JETROの食品輸出アドバイザーなどを務めた方が中心になって組織した草の根的な取り組みです。比較的安価な値段設定で、米国進出を目指す企業向けに、食品流通のイロハについて伴走しながら支援していくことを目的としています。こうした現地パートナーとの連携もおすすめです。

コラム　規制・許認可について

　本書では、米国の規制・許認可の制度が極めて複雑で、対応するのは難しいという話が繰り返し出てきます。

　本コラムでは、FDA（米国食品医薬品局）の複雑な規制を乗り越えるために、世界中の食品および飲料会社を支援するという使命を持って2003年に設立されたRegistrar CorpのDavid Lennarz氏にお話を伺いました。

　同社が誕生したきっかけは、2001年9月11日の同時多発テロを受けて、2002年に制定された米国バイオテロ法です。これによって国内外を問わず、すべての食品施設がFDAに登録することが初めて義務づけられました。

　Registrarは、いまや世界中で3万2,000を超えるクライアントを抱えています。

　　外国企業にとって、FDA対応が難しい理由は複数あります。

　　外国の食品施設は、初めて米国に輸出する前にFDAに登録する必要があります。

　　それだけでなく、FDAとの連絡のために「米国代理店」を指定する必要もあります。米国代理人は物理的に米国に滞在し、FDAと24時間365日、連絡できないといけません。

　　FDAの規制は複雑であり、常に変化しています。登録システムが頻繁に変更されることに加えて、新しい要件が定期的に導入されます。

　　しかも、注意しなければならないのは、FDAへの登録においてミスが発生すると、コストが高くつく可能性があることです。

　　不適切に登録された企業、所定の期限までに登録を更新できなかった企業、またはFDAの調査に適切に対応できなかった企業は、出荷された商品が米国への輸送途中で拘留され、場合によっては輸入不可となる可能性があります。

　　拘留や拒否が発生すると非常にコストがかかり、顧客への商品の納品（ひいてはサプライヤーへの支払い）が遅れ、企業の評判を傷つける可能性があります。というのも、拘留や拒否を受けたらFDAのウェブ

サイトで公開され、世界中が見ることができるからです。

よって、ミスには十分に注意する必要があります。

「チョコレート醤油」も即実行——
老舗6代目の即答力が道を拓く

明治29年から続く福岡の醤油醸造メーカー、ヤマタカ醤油。6代目である髙田氏が「チョコレート醤油」を生み出したきっかけ、そこからの苦労について聞きました。

髙田晃太朗　Kotaro Takada
CEO　SHOYU-X FOODS INC
福岡県福岡市早良区で代々続く醤油屋の長男として生まれる。高校野球に明け暮れ、東京農業大学応用生物科学部醸造学科を卒業。日本醤油技術センターに勤務、シカゴ留学を経て、髙田食品工業株式会社に入社。2023年4月にSHOYU-X FOODSを設立。

　髙田食品工業が米国に進出した当時、和食が海外でも少しずつ認められている頃でした。SushiやRamenなど、日本に関心のあるアメリカ人には身近なものになりつつありました。
　私は東京農業大学を卒業後、日本醤油技術センターで研修し、福岡の会社へ戻るつもりだったところ、父から「アメリカに行ってこい」と言われました。そして24歳で、イリノイ州の大学へ1年間語学留学しました。当時、オバマ政権で民主党時代、イリノイ州が盛り上がっているように感じました。
　ただ、日本から来た私のほかにはアジア人すら探すのが難しく、「和食？？」という反応を受けてしまうというのが当時の実感です。
　「このような国でキッコーマンさんは1950年代から勝負してきたのか」という思いと、「まだまだSHOYUは認知されていない」とチャンスに思い、日本に帰国して米国向けの商品開発を行いました。
　もちろん、127年も続く醤油屋にいる生え抜きのベテランからは邪魔者扱いされ、文句を言われました。必死に考えるものの、工場側の問題で商品化までいかないなど、もどかしい日々でした。
　「チョコレート醤油」は、米国向けに何が合うかを毎日考えていた時に降りてきたアイデアです。実は、夢を見たのがきっかけです。前日の夜に見たド

キュメンタリー番組で、あるチョコレート会社の娘さんが挑む戦略的営業について知りました。感銘を受けたまま、商品開発に没頭していた私は眠り、翌朝目覚めて「チョコレート醤油」を思いついたわけです。

社長はもちろん、従業員のみんなが不思議そうにしていましたが、アメリカ出張が近かったこともあり、試作品を作り、現地での反応を見て、やめるかどうかを決めようと思いました。結果的に、高級レストランで最高の反応をもらいました。コロナの影響もあり、思ったように売れませんでしたが、ここに来て少しずつ定着していると感じます。

今の商品は2代目で、大手ディストリビューターでの採用も決まりました。そして今、大手リテーラーと契約しようとしているところです。

ただし、ここが米国の難しいところで、**メーカーが売りたい容器の入数にかかわらず、販売者側の希望入数に従うのがマスト**のようです。

弊社は米国への物流面も考慮し、1ケース32本（8本入×4ケースのインナーケースあり）を採用していました。これなら店舗数が多い相手でも対応できると考えていました。

ところが結局、8本入りの登録に変えるよう先方からの指示があり、1年以上先の採用となりそうです。欠品が怖かったためあらかじめ製造したこともあり、在庫もダボついて苦慮しておりますが、私の判断スピードは米国にぴったりのようで、今回のケース変更も即回答しました。

地元に恩返しする

弊社は福岡の地で127年の間、地域の皆様に支えていただき、今があります。福岡市早良区南部では農家の皆さんが上質な野菜やお米を作っていらっしゃるので、恩返しの意味もあり、この早良の特産を利用した商品開発を考えています。その第一弾を米国でお披露目したばかりです。皆さんが丹精込めて作った産物を活用し、米国で販売することを目標に計画中です。

言語の壁は、壁だと思えばそうかもしれませんが、通じなくても通じるまで何度も思いを伝えれば、世界共通で関係性を持つことができます。

日本から米国に進出した皆さんは十人十色の意見をお持ちです。都合よく、いいと思ったことだけ吸収しています（笑）。

「塩不使用」「縦置きの箱」……
乾麺を全米でヒットさせた戦略

全米でヒットしたHakubakuの米国進出を支援したN.H.B. Quest。ヒットした理由のほか、日米の商習慣の違いによって生じる落とし穴、米国進出にあたり注意すべきことなどについて聞きました。

平子（譲治）治彦　George Hirako
President　N.H.B. Quest
1998年にN.H.B. Questを設立。メインストリームの米系スーパーを中心に健康食品をはじめ雑貨、美容、健康（H&B）などの商品の卸売りを開始。その後、日系のほかオーストラリアやタイ、スウェーデン等の食品メーカーと連携し、米系スーパー向けの商流を拡充している。

　N.H.B. Questは、1998年に設立しました。玄米で作ったオーガニックのサプリメント「ソルブレ」を自社ブランドとして販売開始したことが始まりです。
　その後、人づてにHakubakuの社長から「米系の小売に販売していきたいのだけど、どうやれば良いか分からないので教えてほしい」と依頼を受けて、同社の商品を売り始めたのが、今のビジネスモデルになったきっかけです。
　Hakubakuがうまくいき始めたので、右から左から「うちの商品もお願いします」と依頼があり、だんだんと取扱商品が増えていきました。
　Questのビジネスモデルとしては、「米系小売への商流構築を当地で本気でお手伝いする駐在員代わり」という捉え方が一番分かりやすいと思います。
　駐在員を当地に派遣して米系商流を構築しようとすると、派遣コストがかかるだけではありません。商慣習の理解・人脈形成を行ったうえで、小売バイヤーへの本格的な商談やKeHEやUNFIとの物流構築など、数年単位でビジネスの構築が必要です。しかも、時間をかけた結果、事業が成功しない場合のコストも大きい。
　もちろん弊社も、ショートカットできる部分とできない部分はあり、米系小売への商流構築に関しては、成果が出るまでに時間がある程度（1年くらい）はかかります。

ホワイトスペースを突いた乾麺

　Hakubakuは、山梨県にある主に穀物商品を取り扱う食品メーカーで、乾麺のメーカーとしてオーストラリアにも製造拠点があります。

　弊社ではオーストラリアで製造した乾麺の米国販売代理店業務を主に行っています。今では全米の約9,000店舗に展開しています。

　Hakubakuが全米でヒットしたのは、「オーガニック（有機）」「Non-GMO」「ハラル」「コーシャ」などの各種認証を販売の過程で取得したことも大きいです。とはいえ、約10〜15年前から着手して、すべて揃ったのは5、6年前の話です。

　しかし、「なぜHakubakuの乾麺がバイヤーに刺さったのか」ということを振り返れば、**「塩不使用の乾麺」という商品が市場に存在していなかったこと、いわゆるホワイトスペースを突いたこと**に尽きるでしょう。

　乾麺製造において、塩は麺の形状にするバインディングの工程で極めて重要な材料です。この技術革新が生まれたことが、Hakubakuの成長を支えていると言っても過言ではないと思います。

加えて、パッケージデザインが良かったことも大きかった。**「乾麺を立てられる箱に入れて卸す」というコンセプトを出したのは、乾麺メーカーの中ではHakubakuが初めてでした**（今では真似されて業界スタンダードになっていますが）。

乾麺は通常、縦幅の限られた小売棚の中でも手の届きにくい下段の方に配置されることが多いです。この場合、消費者の目線からは死角になるので、手にとってもらえる確率が低くなってしまいます。

「縦置きすれば1 SKUではなく3 SKU入りますよ」というのが、当時のバイヤーと交渉する際の謳い文句でした。というのも、当時はうどん、そば、そうめんの3 SKUのみだったのですが、横置きだと1 SKUしか置けない棚にすべての商品（3 SKU）が置けたのです。

バイヤー視点に立ち、「棚の体積をどう有効活用するか」を考えたパッケージデザインはとても重要になります。

他方、縦置きする箱をどうしても使いたくない小売もいます。そこで、横置きした時にも死角に隠れないような工夫として、「Udon」などの文字ラベルをパッケージの下部に記載するなど、デザインの変更を実践してきました。

最初はコンベンショナル系大手のRalph'sに納品しました。初めてのオーダーは40ケース（1ケース12個入り）で、当時は自家用車のトランクに入れて自分でRalph'sの倉庫にデリバリーしていました。

「ディスコン」されないために

ゴールは当然、小売の棚に置くことではなく、売れることなのですが、急激に売れるわけもなく、そのためにも棚に置き続ける必要があります。

基本的に取引中断（業界ではDiscontinueを略して「ディスコン」）**の基準となる週販の分母は、商流を構築している店舗数になります。**よって、「日本人の多いカリフォルニア州南部ではそこそこ売れているが、全米で均すと週販が低すぎてディスコンになる」というのはよくある話です。

なお、一度ディスコンになった場合、同様の商品での再チャレンジは基本的にはできないので、ヒットすることが確実視されている商品でない場合は、「ディスコンにならない程度の商流構築スピードをマネジメントする」ことがとても大切です。

基本的に、**小売のバイヤーは2〜5年程度のサイクルで交代**します。その間にバイヤーとしっかり人脈形成しておく必要があります。人脈ができていれば、後任に話をつないでもらえたり、交代後も支援を得られたりするでしょう。人脈ができていないと、交代のタイミングでゼロリセットになってしまうため、持続可能なビジネスになりません。

ただ、日本食に全く興味のないバイヤーになってしまった時点で、相当厳しい状況になります。私自身、バイヤー交代のタイミングでの苦い経験はたくさんあります。

私が気をつけていることは、**アメリカ人バイヤーに1時間のミーティング枠をもらっていても、なるべく20分くらいで帰る**こと。

同行する日系メーカーの方は、「もう大丈夫ですか？　まだ時間ありますよ」と日本の商慣習的にアポイントの時間を埋めようとしてしまいます。

でも、米国人のバイヤーはとにかく多忙なので、次のアポイントをお願いする時のために、「時間をとられる面倒くさいヤツ」というネガティブな印象をできる限り排除しておくことが重要です。

ある程度、人間対人間の関係性ができてくると、「売れるか売れないか分からないけど、この人が言うなら検討してみるか」と思ってもらえたり、「最近、アジア系食品の棚がイケてないんだけど、何か良い商品ない？」といった会話が生まれたりします。

今、Whole Foodsのバイヤーの統括的なポジションの人との関係性があるのは、もともと本人がとあるディストリビューターにいた頃から、非常に親しくしていたからです。その人がある日突然辞めると言うので、「どこに行くの？」と聞いたら「Whole Foodsのバイヤーのヘッドになる」と。それ以来、Whole Foodsとは親しくしています。

何度も転職するのが当たり前の米国において、「既存の人脈が将来どう活きるか」は誰にも分かりません。その時々の仕事や関係性を大切にし、**「人間対人間の関係性を自然に築けるかどうか」**は大きなポイントになると思います。

なお、**小売のバイヤーとのビジネスにおいては、業務時間外の夜の接待などの商慣習は基本的にありません。**

Ralph'sのバイヤーには、贈答品としてドーナツすら受け取ってもらえないことがありました（ドーナツの箱に現金が入っているかもしれないという発想）。

夜の接待や贈答品などで関係性を維持する商習慣や国民性ではなく、例えば完全にプライベートな家族同士の集まりなどで仲良くなったりします。**「仕事ができるかどうかの前に、人間的に魅力があるか」が問われる国**だと思います。

27年前、最初に車のトランクに入れてRalph'sに納品した時のバイヤーは、今はもう70〜80歳のおばあちゃんですが、今もとても仲良しです。引退して全く影響力はないのですが（笑）。

日本企業が気をつけるべきこと

日本企業が米国進出する際の注意点の1つは、**日本人とアメリカ人では、「ナチュラル」に対する感覚が全く異なる**ことです。特に原材料などについては、調整が必要です。

日本では保存料などはあまり気にされませんが、米国のナチュラル系小売を攻めるのであれば、商品の原材料から保存料や着色料を取り除かないといけない。

砂糖についても、日本の加工品では特に問題視されていない通常の白砂糖も、ナチュラル系だとアウトです。なので、ケーンシュガー（cane sugar）に切り替えるなどは、よくある話です。

もう1つの注意点としては、FDA、FSMA、Prop65など当地規制の遵守に加えて、**「SID（低酸性商品などの規制遵守）」の対応が漏れている、もしくは認知されていないケース**はよくあります。

常温流通の液体物を利用しているもの（ペットボトル飲料、パックライス、コンニャクなど）は規制の対象です。例えば、冷蔵でない常温のペットボトルの商品は、SIDをクリアするためにビタミンCを入れてあることが多いです。

弊社でも豆腐関連商品を取り扱っていますが、当初輸出を検討した際はSIDが未取得で、輸出販売ができるステータスにありませんでした。米系小売の冷凍・冷蔵食品はハードルが高く、常温流通を狙ったため2年ほどかけて取得しました。

また、パッケージデザインについては、米国以外からの輸出品の場合は輸出コストを回収するために高く売らないといけないため、デザインの高級感

に気を配ると良いでしょう。

　最後の注意点として、**対米輸出の流通工程を想定した賞味期限に設定されていないケース**が多いです。カリフォルニア州だけで日本がすっぽり入る、という米国の面積の大きさをイメージしていただければと思います。

　輸出ベースで米系小売を目指す場合、FDAなどの規制当局が通関で商品をホールドするリスクなども踏まえて、製造から1年半程度、ロサンゼルスの港に入ってから1年間の賞味期限がないと、バイヤーとの交渉が難しいです。

　正直、米系小売への商流構築は簡単ではありません。

　EU諸国に比べれば、言語が英語のみだから攻めやすい……と思いきや、**地域によって食文化や人口動態が全く異なる**。州をまたいで展開する際に、言語以外の部分がネックになったりします。

　日本から見ると、米国という1つの括りになってしまいますが、地域に分けて考えるところから始めると良いと思います。

| 第 | **10** | 章 |

米国進出の
有力な手段としてのM&A

　日本でもM&Aは、事業承継などを理由に活発になってきていますが、米国市場においては、事業拡大の1つのツールとして、規模の大小を問わず日常的にM&Aが行われています。

　米国の食農市場を俯瞰すると、M&Aという手段を使う使わないにかかわらず、重要なトピックだと感じています。

　なお本章では、「M&Aという手法が、米国食農市場においてどういう意味合いを持つか」という観点に重きを置いています。クロスボーダーM&Aの実務的な内容についてはたくさんの良書があるので、ぜひそちらをご覧いただければと思います。

よくあるM&Aのお悩み

　以下は、M&Aの主な目的、そしてこれまでの取り組みを通じて食品メーカーの方からお伺いした「よくあるお悩み」です。

　基本的に、そうしたお悩みは、デューデリジェンスの段階で解決していくものではありますが、特に「商流の獲得」を目的にされる場合は、買収対象企業の人材や小売バイヤーなど、"相手がある話"も多く含まれます。

　究極的には、どうにもできない部分も多分にあるので、検討するチームや社内でリスク許容幅を共有し、想定されるリスクへの対策などを準備しておくことがとても大切です。

目的①　米系商流の獲得

悩み

• 既存の米系の商流に自社の商品を乗せたいが、結局バイヤーの意思決定は
プロダクトごとであり、本当にうまくいくのか。

目的②　製造工場の獲得

悩み

• 日本での製造環境をどの程度の水準で再現できるのか。

• 入念なデューデリジェンスを行ったとしても、PMI（Post Merger Integration、合
併や買収後の統合プロセスを計画し、実行すること）の段階で追加の設備投資の必要
性が判明し、買収コストと設備投資コストに見合うリターンが得られない
可能性はどの程度か（自社工場設立との比較の観点で重要）。

• 原料調達や米系ディストリビューターとの連携などを踏まえ、ロケーショ
ンは適切か。

目的③　人材の獲得

悩み

• 経営層や実務のキーマンなど、優秀な人材をキープできるかどうか。

目的④　ノウハウ・ネットワーク基盤の獲得

悩み

• 本質的に獲得したいのは、知財など組織に紐づくものなのか、人脈など個
人に紐づくものなのか、その比重はどうなっているのか。そして、個人に
結びつくものが多い場合は、ノウハウ・ネットワークが剥落するのではな
いか。

まずは「なりたい姿」を描く

　M&Aにあまり馴染みのない方は、大まかなプロセスについて、図10-1を
参照していただければと思います。すべてのプロセスが会社としての「成長
戦略」につながり、ループしていることが分かるでしょう。

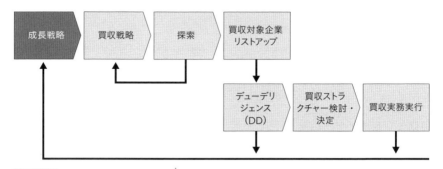

図10-1　M&Aの大まかなプロセス[1]

　ここで最も大切なことは、**会社としての成長戦略、「なりたい姿（To Be）」を考え、その戦略に合致したM&A戦略を立てること**です。

　それに照らし合わせて、**製造工場や販路、人材など欠けている部分（ミッシングパーツ）を獲得するためにM&Aを行う**と思うのですが、「このM&Aによって、なりたい姿に本当に近づくのか」という本質的な問いはとても大切です。

　例えば、味の素社は、「日本食・アジア食における圧倒的No.1を目指します」という「なりたい姿」のもと、2014年に米国の大手アジア食品メーカーであるウィンザー社を買収しています。

　経営者がこのように明確なビジョンを掲げることで、たとえ困難が立ちはだかっても、社員の方々の心の支えや目標となり、乗り越えられるのだと強く感じます。

買収対象をどう見つけるか

　買収企業を探索する場合は、様々なルートで可能ですが、いわゆる当地のM&Aブティックファームや投資銀行、プライベートエクイティファームのエグジット案件などから探すのが一般的かと思われます。

　しかしながら、こうしたソーシング元のデータベースに掲載されている売り案件は、日系企業が望んでいる金額規模感やスペックとは異なるケース

1　Kenneth H. Marks他『Middle Market M&A』のp. 31をもとに筆者作成。

（金額が大きすぎる）が多いのが実情です。

この理由について、まずはM&Aセグメントから見ていきましょう。

まず、米国のM&A市場については、基本的には図10-2にあるように、セグメント（区分け）されています。

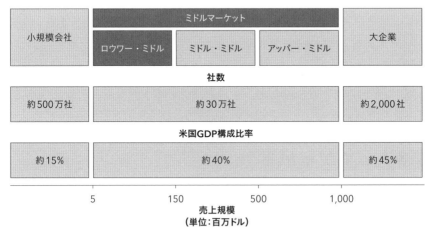

図10-2　M&Aマーケットの大まかなセグメント[2]

私たちが日系企業とやりとりしてきた中で言うと、概ねターゲットとなるM&A市場は、「ロウワー・ミドルマーケット（目安：売上規模が500万～1億5,000万ドル、EBITDA規模が50万～1,500万ドル）」「ミドル・ミドルマーケット（目安：売上規模が1億5,000万～5億ドル、EBITDA規模が1,500万～5,000万ドル）」になります。

対米輸出を企図していたり、現地法人設立を検討中であったり、今後本格的に米系の商流に挑戦していくという食品関連の日系企業の企業規模を考慮すると、このゾーンがスイートスポットとなる可能性が高いです。

もちろん、サントリー社のビーム社買収など、トップティアの日系大手食品メーカーであれば、アッパー・ミドル～大企業も検討対象になるでしょう。

M&Aのマーケット・セグメンテーションが企業規模で分けられるのは、やはりM&Aの実務に求められるサービスの質や量、スピード感がセグメントによって大きく異なるからです。

2　Kenneth H. Marks他『Middle Market M&A』のp.5をもとに筆者作成。

基本的にM&Aバンカー（ファイナンシャル・アドバイザー）の報酬は、金額×成功報酬手数料（%）で決定します。特に米系大手の投資銀行は、アッパー・ミドルや大企業（収益10億ドル以上）の案件の獲得に注力している印象です。

　そのような中、ミドルマーケットの買収案件情報にアクセスしている当地M&Aパートナーとの連携が肝になります。例えば、本章のインタビューで登場する竹中パートナーズは、まさにこのロウワー・ミドルやミドル・ミドルのセグメントに実績のある企業です。

　また、米系の食品コンサル企業がそのネットワーク基盤を活かし、M&Aの案件探索を担うケースも出てきています。第7章および本章のインタビューに登場するJPG Resourcesもこの機能を持っています。

M&Aしてからが本番

　M&Aは始まりにすぎず、M&Aしてからが本番である――。

　PMIの重要性については、たくさんの議論が行われていると感じます。しかしながら、Howの部分については、米国のM&A実務書を含めてあまり言語化・定型化されていない印象も受けます。

　これはシンプルに、企業文化の統合プロセスについては、「再現性が低い」ことが主な理由だと感じています。個別性が高く、サイエンスではなくアートの要素が強い。究極的には、任命されたリーダーが現場でリーダーシップを発揮できるかどうかに依拠している部分が強い。そういった理由が考えられます。

　とはいえ、一般的に次の点については、PMIの実効性を高めるうえで検討の余地があるのではないかと感じています。

　それは、**組織の実態に即した適切なIMO**（Integration Management Office、統合管理オフィス）**を設置すること、統合のための委員会を設置し、実効性を高めること**です。

　図10-3はIMOの設置イメージです。委員会は、大きすぎても小さすぎてもよくない。ちょうどいいサイズで設置するのが大切だという印象です。

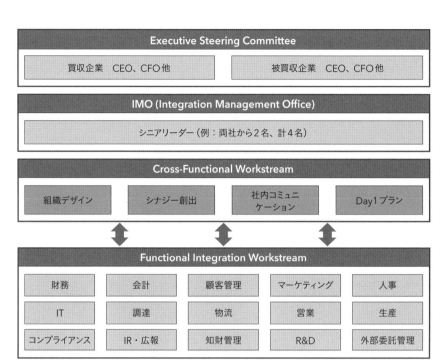

図10-3　IMO（Integration Management Office）の設置イメージ[3]

　文化統合（Cultural Integration）は、当地のM&Aカンファレンスなどでもよく話題に挙がるトピックの1つです。

　ベイン・アンド・カンパニーはレポートの中で、「80％の買収企業がM&A検討の初期段階で文化統合に焦点を当てているにもかかわらず、75％の買収企業は文化的な問題を理由に統合プロセスが進まないなど、深刻な介入が必要な状況である」[4]と、文化統合プロセスの難航がPMIに与える負の影響を指摘しています。

　これを踏まえると、やはり企業文化がフィットしているかどうかという部分を、通常のデューデリジェンスのプロセスを通じて見極めることは難しい可能性があります（特にクロスボーダーの場合）。

3　Mark Sirower 他『The Synergy Solution』のp. 173をもとに筆者作成。
4　Bain & Company "Global M&A Report 2023"

そのため、「資本関係を伴わない事業連携」を行いつつ、お互いの企業文化を確かめていくという「結婚の前の同棲」のような流れは理にかなっている印象です。実際、トレンドとして、図10-4のように、消費財セクターでは資本関係を伴わない事業連携やアライアンスを目指す企業が増えています（本章末に掲載したデロイトのLarry Hitchcock氏のインタビューでもこの文脈について触れられています）。

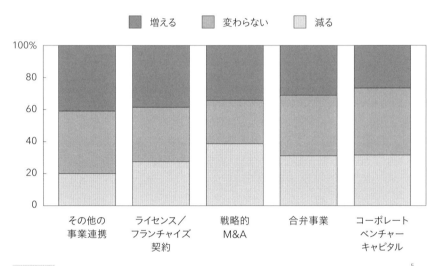

図10-4　「向こう３年間で事業連携などが増えるか？」という質問に対するサーベイ回答[5]

あくまで参考程度ですが、図10-5は文化統合プロセスの大まかな分類（イメージ）です。文化統合の度合いが強い順に、①２社の文化を統合させていくシナリオ（Forge New Culture）、②A社の文化をB社に統合させていくシナリオ（Cultural Assimilation）、③B社の文化を残しつつA社の一機能として運営するシナリオ（Operate with Sub-Culture）、④２つの文化を残すシナリオ（Keep Separate Culture）の４つです。

シナリオを可視化し、共有化することはPMIフェーズという（普通に考えてもややカオスな）状況においては有益ではないかと感じます。

5　Bain & Company "Global M&A Report 2023" をもとに筆者作成。

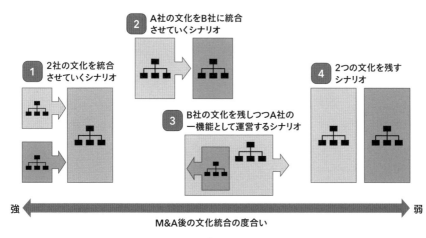

図10-5 文化統合の大まかな分類（イメージ）[6]

非日系プレイヤーのM&A傾向

　非日系食農企業のM&Aについては、私たちの立場上、実際に当地企業の取り組みに携わることもあるため、個別の具体的な内容に触れることは難しいのですが、一般論として言えることはあります。

　①誰が旗振り役となり、買収後の企業文化の統合（PMI）を推し進めていくのか、②IMOなどの委員会の設置によるガバナンスの効かせ方は適切かどうか、③優秀なローカル人材をリテイン・獲得できているか（解雇や雇用による入れ替え）。こうした部分は、当地M&A事例に共通して、「最も現場が汗をかいている課題」であると強く感じます。

　また、言うまでもないのですが、現場で意思決定を行う強力なリーダーシップの存在は、着実に前進している企業に見られる共通項だと実感しています。

　巻末の付録2に、非日系プレイヤーの近年のM&A事例をまとめています。これまでの私たちの取り組みの中で、米国のフードバリューチェーンを構築するうえでよく名前の挙がる米国企業を中心に構成しました。

6　Pritchett, LPウェブサイトをもとに筆者作成。

それを見ると、M&Aにより、**既存の機能を強化するタイプの買収が恒常的に行われている**印象です。

例えば、米国の大手ディストリビューター（Sysco、US Foods）はM&Aを繰り返し行うことで、地域的なカバレッジを拡大しています。また、The Chefs' Warehouseのようにスペシャリティフーズ（高級食材）を扱うディストリビューターは、よりプレミアムな商材の調達力を獲得するなど、**強みをさらに伸ばす買収を行って、大手との差別化要素を高めようとする傾向**が伺えます。

UNFIやKeHEは、ナチュラル系のディストリビューターを獲得しつつ（水平統合的な動き）、より農作物の生産者に近いポジションをとり、一緒にオーガニックブランドを育成していく（垂直統合的な動き）という傾向が見て取れます[7]。

一般的に、食品ディストリビューターは地域性が高い商売であり、地元のレストランなどとの長年のつき合いがあるため、比較的ウェットで粘着性の高いビジネス領域だと思います。インオーガニック戦略としてのM&Aによる領域拡大は、合理的な戦略であると感じます。

また、食品給食事業大手のAramarkは、ホスピタリティ業界、高齢者住宅、大学キャンパスなど、既存の事業ポートフォリオの充実を着実に進捗させている印象です。

M&Aは目的を達成するための手段です。使う使わないにかかわらず、M&Aというツールを理解し、戦略の引き出しに入れておく。そして、米国における競合他社は常にその可能性を探っているということを念頭に置いておく。こうした市場のダイナミズムを捉えつつ、米国市場進出を検討していくことは、とても重要であると強く感じています。

7　水平統合（Horizontal Integration）：市場シェアの拡大、競争の削減、規模の経済の実現を目的として同じ業界の競合他社同士が合併や買収を行うこと。例えば、同業他社の買収による商品ラインの拡大やサービス提供地域の拡大など。
　　垂直統合（Vertical Integration）：供給の安定化、コスト削減、品質管理の向上、収益の最大化を目的にサプライチェーンの異なる段階にある企業同士が合併や買収を行うこと。例えば、製造業者が原材料供給業者を買収したり、小売業者を買収したりすることで、供給チェーン全体を自社内で統制するなど。

「完全な買収」だけが道ではない──
M&Aにおける戦略と、目指すべきこと

M&Aをするうえで、あらかじめ策定しておくべき戦略とは？　「完全な買収」以外の選択肢は？　何をデューデリジェンスすべき？　デロイトでM&A事業を手がけるLarry Hitchcock氏に聞きました。

ラリー・ヒッチコック　Larry Hitchcock
Principal　Deloitte

Deloitteのコンシューマー・インダストリー事業で、M&A戦略やデューデリジェンス、買収や売却の計画・実行を担う。ヨーロッパや北南米をはじめ各国のクライアントを担当してきた。ハーバードMBA修了。

　私は30年間、食品、飲料、スナック、また農産物を含む幅広いカテゴリの消費財セクターに携わってきました。また、食品流通や物流にも関わっています。

　過去17年間は、デロイトのM&A事業に従事してきました。直近では、消費財セクターにおけるM&Aチームを率いています。

　私の見解では、米国のM&A市場は2017年のピーク時から大幅に軟化しています。戦略的買い手[8]の間で過去12カ月の取引件数は20％減少し、消費財セクターの取引金額は18％減少しています。

　歴史的に、消費財セクターはずっと産業別M&A取引件数のトップ5に入っていました。しかしながら、現在はトップ5から転落しています。

　もう1つの市場状況の指標として私が注目しているのは、グローバルな大型取引です。過去12カ月での大型取引は、取引金額レンジが80億～450億ドルですが、その中に消費財セクターのものはありません。かつては消費財セクターで大型取引が頻繁に起きていたものです。

　もちろん、消費財のM&A取引件数が一時に比べて大幅に減少していると

8　原語はstrategic buyer。PEファンドのような投資会社ではなく、成長戦略としてM&Aを行う事業会社の買い手。

言っても、依然としてかなり大きな市場です。

　私たちが追跡している情報によれば、過去12カ月間の米国の消費財セクターにおけるM&Aは327億ドルにのぼり、米国で発表された取引は584件ありました。つまり、活動が全くない休眠市場ではなく、ただ減少しているだけです。

　直近では、KrogerとAlbertsons（アルバートソンズ）の合併がありましたが、それは小売企業であり、食品メーカーや飲料メーカーではありません。とはいえ、本件は350億ドルの取引であり、このセクターにおける1つの兆候と捉えています。

　当然ながら、この取引でKrogerはWalmartや合併後のKroger-Albertsonsに規模で下回るほかの小売業者に圧力をかけると予想しています。そして、おそらく食品メーカーに対してもそうです。

　これらのバリューチェーンの川下における大型取引は、規模の経済を利用して合併後企業の利益率を向上させることを前提としています。

　彼らが利益率を向上させる方法の1つは、小売店舗を通じて商品を販売する食品メーカーや飲料メーカーからの仕入れコストを積極的に抑えることです。そういう意味でこれは注目に値する取引であり、今後、米国の食品小売業者の間で合併が進んだり、食品飲料メーカー業界への圧力が高まったりすると思われます。

M&Aでブランド・エクイティを獲得する

　買収対象に過剰支払いをしたくないという考えが当然ある一方、**一般的にクロスボーダー取引について考える時、米国は大きくて安定した市場かつ、後述の通り、ブランドが持つ無形資産の価値がとても強く、一からそれを作り上げることを考えると魅力的である**と評価できるかもしれません。

　私の経験に基づいても、この市場はブランド・エクイティが強さを持つ市場です。つまり、そのブランドが持つ無形資産の価値です。

　よって、買収によりブランドを獲得すれば、消費財セクターにおけるレジ

リエンスと、消費者の共感を得られます。

さらに、大手小売業者との良い関係性を獲得できます。彼らは棚にナショナル・ブランドの商品を置きたがっています。米国市場は、ヨーロッパほどではありませんが、プライベートブランドも存在感があります。

したがって、この市場で買収をする場合、「対象企業がブランド販売とプライベートブランド販売のどちらをどの程度行っているか」は確実に押さえたいポイントです。

通常、プライベートブランド販売の利益率は低く、ナショナル・ブランド販売の利益率はより高くなります。一方で、ナショナル・ブランドは、プロモーションやブランド認知向上に投資が必要ですが、そのバランスが重要です。

ヨーロッパなどに比べてブランドに価値がある米国市場において、ブランドを買収することは重要なインセンティブだと思います。

資産買収だけではない、4つの手法

日本に本社を置く企業が米国市場でM&Aを行おうとする場合、いわゆる資産の買収だけでなく、あらゆる方法を検討すべきだと思います。一般的な手法を4つ挙げます。

1つ目に挙げられるのが、「**Collaboration Agreement（協力契約）**」です。これはM&Aではありませんが、しばしばM&Aにつながる手法です。

協力契約の内容としては、共同商品開発、共同開発商品の商業化に向けた取り決め、製造の協力などがあります。他社の商品アイデアに応用できる独自の技術を持っている場合などに結んだりします。

例えば、有機食品のカテゴリで、「消費者の意識を高めるための協力契約」というのを見たことがあります。

また、甘味料のカテゴリで、「消費者トレンドを追う協力契約」というのがありました。これは、高果糖コーンシロップやその他の甘味料について、消

9　あるシステムや組織が予期せぬ出来事や変化に適応して回復し、さらにはそれらの出来事から学び、より強固になる能力を指す。米国食品業界におけるリスクとしては、気候変動、経済的不安定性、労働力の変動、COVID-19などのパンデミック、供給網の中断などがある。

費者グループに対する調査活動などに協力して取り組むものです。

こうした協力契約は、M&Aの前兆となるので、検討に値するものです。

2つ目は、M&Aに向けたより手堅いステップとしての**合弁事業 (JV)**。プラントベースの代替タンパクの分野においては、JVは非常に一般的です。

特に、植物ベースのタンパク質の研究開発においては、最終商品が消費者に受け入れてもらえるかどうかの不確実性が高いため、事業リスクを軽減する目的でのJVがよく見られます。より安定したカテゴリである乳製品、ヨーグルト、飲料でも例があります。

JVは、リスクを下げつつ、時間をかけてパートナーを買収することにつながる実験になります。しがたって、これは正確にはM&Aではありませんが、M&Aへの道筋になります。

3つ目は、私自身は非常に慎重であるべきだと思うですが、**コーポレートベンチャーキャピタル (CVC)** という形です。これは、事業会社が社外のベンチャーに対して行う投資活動のことであり、事業会社とベンチャーの連携方法の1つです。

消費財セクターにおける私の観察では、CVCはイノベーションの源を求めています。通常は、新しい商品アイデアに投資しますが、時には技術に、最近ではデータサイエンスや食品科学などの人材や能力に投資しています。

これも1つのやり方です。飲料や食品、美容製品でこうした例を見てきました。

慎重であるべきというのは理由があります。過去を振り返ると、企業がCVC部門を始めた場合、ほとんどが数年後にはそれを閉鎖しているのです。

消費財企業のクライアントにCVC部門を設けるべきかどうか尋ねられた時、私はいつもこう答えます。

「Kleiner Perkinsは尊敬されているベンチャーキャピタルです。なぜ、Kleiner Perkinsよりも自分たちの方が賢いと思うのですか？ そして、優秀で経験豊富な人材であれば、なぜベンチャーキャピタルファンドではなく食品会社で働こうと思うでしょうか」と。

つまり私が考えるに、米国市場における優秀な人材の流動性を踏まえると、CVCは持続可能な取り組みではないことが多いのです。

私が見た中で、イギリスを拠点とする飲料会社が、非常に興味深いCVCの

モデルを持っています。

彼らはまず、アドバイスとカウンセリングを提供します。相手の飲料プロダクトがある程度の規模と流通を達成したら、自社の幹部、食品エンジニア、営業経験を持つ人々、カテゴリ内の経験を持つ人々へのアクセスを提供します。そして、さらに事業拡大できるかどうかを見る手助けをします。

投資するのはそれからです。**初期段階（シード、アーリーステージ）の投資はしない。**これは非常に賢い方法だと思います。

4つ目の手法は、学びたいことや成長できる経験があると感じる特定の領域に対して、**一部株式を取得する**という形です。

良い例としては、世界最大規模の食品会社が、ホームミールキット会社の株式を一部取得したことです。米国西部で展開していたホームミールキットの会社でしたが、東部へ拡大する資金や手段がなかったのです。

それは、食品会社にとって素晴らしい投資となりました。ミールキット会社は急速に成長を遂げ、双方ともにメリットがあったと思います。

最後に、先ほど触れた**完全な買収**がありますが、今日の市場ではまだ起きています。市場のピーク時に比べてはるかに少ないですが、依然として買い手も売り手も存在しています。

どの選択肢をとるか

では、協力契約かJVかという選択肢があった場合、どちらを優先すべきか。

協力契約は、M&Aに向けた一歩です。JVのように株式を出資するのではなく、一緒に実験するための手段だと思います。

つまり、パートナーと何かを作り出してみたいのであれば、金銭的リスクも市場リスクも低い方法です。

なお、JVか完全な買収かという選択肢があったら、私はJVよりも、企業の過半数の株式を持つ完全な買収を選びます。

というのも、JVは構造も管理も複雑であるうえ、当事者の動機はそれぞれ異なります。JVに必要な資本や現金は、時間とともに変わるかもしれないし、それは契約を結ぶ時に当事者が想定していないことかもしれません。**JVを管理し、運営するのは非常に難しいです。**

一方で、完全に所有することにも、当然多くの困難があります。でも、食品・飲料業界のJVでブランドを組み合わせたり、資産を手に入れたりしたことで大きな減損処理をしなければならないというのは珍しいケースです。

　買収して5年ほど経過し、それがコア事業としてはうまくいっていないと判断した場合でも、対処する手段はあります。プライベートエクイティや別の戦略的買い手に売ればいいのです。

　現実には、日系企業は完全な買収よりもまずはJVの可能性を追求する方が一般的のようです。ただ、私がその2つのどちらかを選ぶなら、過半数の株式と支配権を取得する完全な買収を選びます。

日系企業の強みと弱み

　日系企業が米国市場で成功するためには何をすべきか。まず、**米国市場での経験がなければ、消費者やそのトレンドを理解することが必要**です。

　米国の消費者は、民族や人種などによって、細かく分断されています。同時に、彼らはどんどん移動していきます。コロラド州、ユタ州、テキサス州、フロリダ州、サウスカロライナ州などの州は、急速に経済成長するのに伴い、消費者が集まってきています。

　興味深いことに、ある州から別の州に人が移動すると、それに伴って特定の味覚や好みが、移動先のレストランのテーブルや食料品店の棚に突然現れるのです。

　この「居住地流動性の高さ」は、マクロのトレンドや集計されたトレンドを理解するのを非常に困難にします。本当の意味で消費者を知ることが非常に重要です。

　日本企業にとっては困難もあるものの、外から米国市場に参入するにあたり、現地企業より有利な点があります。それは、**消費者もそのニーズもますますグローバル化しており、中国やインド、日本など、米国以外の食品市場を理解したうえで米国で投資を行うことは大きなアドバンテージになる**という点です。

　というのも、複数の市場に展開するグローバルな企業を除き、多くの米国企業はグローバルトレンドを高い解像度で認識していない可能性が非常に高

い。彼らは、米国の消費者について考えますが、他の市場の影響を考慮していないのです。

というわけで、グローバルまたは複数市場の視点を持つことは、実際には巨大な利点となります。

日本の企業が米国に入る場合、**地道なハードワークによって当地でネットワークを構築すること、文化的・国民的なものを含む市場のあらゆる側面を理解すること、展示会への出展など目に見える活動で存在感を発揮することが極めて重要**です。展示会では、新しい商品や、イノベーションが行われている商品カテゴリについて知ることができます。

なお、日本に本社を置くいくつかの企業にM&Aアドバイザリーを行った経験がありますが、一般論として決定プロセスや決定権の権限委譲など、意思決定を迅速にできるようにした方が良いケースが多いと感じます。

米国のチームが、買収ターゲット企業を徹底的に調査し、買収することをすすめたとしても、最終決定を本社チームと相談する必要があるようでは、プロセスがなかなか進まなくなってしまう。

本社の意思決定が遅いという理由で、最初から投資銀行側が日本企業を買収企業探索のプロセスから除外しているとは考えにくいですが、他の入札者のペースに追いつけない場合があるのは事実だと思います。

まずはM&A戦略を策定する

M&A戦略をまだ持っていない場合は、それを策定することが第一です。**どの商品カテゴリや地域での買収を求めているのか、ブランド商品なのか、プライベートブランドなのか、食品製造なのか、流通なのか。**あるいは、食品科学者やデータ科学者などの人材を獲得することを目指すのか。**どこで買収を行い、どこで行わないのか**について、条件を明確に持つべきです。

これらは既存事業の成績を向上させるために追加するケイパビリティを探している食品・飲料会社において、明確にしておくべきM&A戦略の骨子です。ですから、明確なM&A戦略を持つことが第一のステップです。

次に、**米国に拠点を設立すること**。つまり市場に実際に存在して、ステークホルダー、関連業界団体、Natural Products Expo Westなどのナチュラル

フードの展示会などとの関係を築き、「食品・飲料での革新的な活動がどこで行われているか」をよく理解することです。

さらに大切なのは、**ターゲット企業を選定し、優先順位を決定するための明確で厳格な方針を持つこと**です。もし、投資銀行が売り案件のロングリスト（売りに出されている企業のリスト一覧）を持ってきたとして、あなたが買収のターゲットとして考えている企業群とそのリストがほぼ同じであれば、それはまだM&A戦略をシャープにしきれていない、ということです。

戦略として、「5年後に買収するかもしれない企業との関係を育て、その商品カテゴリにおける知識や経験を得て、その企業やブランドを知ること」が必要です。

現在売りに出されていなくても、将来売りに出されるかもしれない企業、そして銀行や当地企業との緊密なつながりを確立しつつ探索することです。

次のステップとして、双方が真剣になったら、銀行やM&Aアドバイザリー企業と連携して、デューデリジェンスを行います。最後にターゲット企業と協調して取引を進め、契約書をしっかり確認してから締結します。

過去のM&A経験を活かす

M&Aの経験がないとM&Aで成功するのは難しいとも言われますが、私も同意見です。

5年前に調べたのですが、シリアルアクワイアラー（連続的な買収を行う企業）の成績を見た時、M&Aの取引の80%が目標とする価値を達成しないという統計があります。

ただ、シリアルアクワイアラーはそれ以外に比べ、入札プロセスとデューデリジェンスだけでなく、計画と統合にも過去の経験を活用できるため、成功の確率が高い。それは私の感覚とも一致しています。

M&A経験の浅い買収者にアドバイザリーを行う時には、彼らが取引プロセスでためらっているのが見て取れます。複数回のM&A経験のある会社は、より確信を持ってプロジェクトを進めます。もちろん、それが過信につながり、別の過ちにつながる可能性もあります。

いつも不思議に思うのは、セクターに関係なく成熟した**大手企業の多く**

が、過去の取引に関するヒストリカルデータを全くと言っていいほど持っていないこと。

　買収によるシナジーを定量的に図るためには、過去に遡って取引の評価を行う必要があります。例えば、20%と設定していた内部利益率（IRR）を実際に達成できたかどうか、などです。でも、検証するためのヒストリカルデータを持っていない。

　また、デューデリジェンス中に、セールスチームが売上高を10%増やすと言った場合、実際に達成可能な水準が5%なのか7%なのか、それとも20%なのか、過去の取引データから客観的に示すことができないケースがあります。

　別の例では、調達やサプライチェーンチームが、経験値的に「コストを6%または8%削減できる」と言った場合、本当に6%、8%、または10%のコストを削減できるかを確認できる数値的根拠が乏しい場合があります。

　デューデリジェンス中に、経験則で数字を並べてしまい、実際のデータで横串を刺していないことがあります。それによって混乱を招いたりします。

　もちろん、デューデリジェンスの大部分は、経験と多くの仮定に基づいて構築されるものですが、その中でもベンチマークがあり、一定の客観性を担保しなければなりません。

人材のデューデリジェンス

　人材の観点は、デューデリジェンスの際に、セクターを問わず常に重視すべきでしょう。

　例えば、従業員の構成はどうか、従業員が1,000人いるとしてそのうち売り手がどれだけ譲渡しようとしているのか、研究開発スタッフを維持して商品開発を続けてもらえるのか。

　従業員の質や、各従業員のマルチタスクの比率といった詳細については、常に注意を払う必要があります。

　また、食品・飲料会社では、確立された労働組合があります。どのような合意があるのか、いつ更新されるのか、労働や雇用に関する制限的な条項は何かなど、必ず調査します。

　また、年金に関するデューデリジェンスも必ず行われます。401Kなどの企

業年金の制度が整備されているかどうかも重要なポイントです。

　もう1つ常にある問題は、**キーとなる従業員は誰で、彼らを維持するためのパッケージ（Retention Package）をどう設計するか**です。

　食品科学者やセールスの責任者など、買収する会社にはキーパーソンがいます。例えば、北米で最大の小売業者との関係を持っている人がいるなら、本人が会社に残ることを確実にしたいでしょう。

　次に、インセンティブプランについても検討が必要です。

　例えば、被買収企業の社員は、役員向けにインセンティブプランがあるかどうかを知りたいでしょう。

　また、セールスインセンティブも確認すべきです。セールススタッフに、報酬体系を変えるとは言いたくありません。それによって、彼らが会社に残りたいと思うかどうか、以前稼いでいた金額を稼ぐことができるかどうかに大きく影響します。

　最後に、誰が解雇の対象となるか、もし解雇対象者を決定した場合、訴訟対応や解雇手当の財政的なインパクトを把握するため、いくらの費用がかかるかを必ず検討したいところです。

　また、労働規制に関連して注意すべき点があります。これは私にとって、30年以上の経験で初めてのことです。

　ニュースを読めばご存じの通り、ライドシェア会社は常に、ドライバーが従業員なのか、契約労働者なのかという戦いを繰り広げています。

　食品・飲料会社は、特に季節的なビジネスの場合、契約労働者を利用することがあります。つまり、弁護士が介入して、その労働者グループを代表し、彼らが実際には請負業者ではなく従業員だと主張する可能性があります。そのようなことがないように、その労働者を慎重に扱う必要があります。

　デューデリジェンスでは、従業員の合計数と、そのうち契約労働者がどれくらいを占めるのか確認する必要があります。

　当地のこのような現象や日常的に発生しているトラブルに感度が低い場合は、特に注意すべきでしょう。しかも、過去数年間にメキシコ国境を越えて流入してきた移民の数を考えると、必然的に労働規制関連のリスクは高まっているので、非常に慎重になる必要があります。

米国の消費者市場の圧倒的な安定感

　米国の消費者市場は素晴らしいものだと思います。グローバルな消費財セクターにおいて、存在感を示し続ける勢力です。

　しかも、時が経つにつれて実感することですが、常に安定した市場であり続けてきました。

　消費財企業の中で、年間40〜50％成長するケースは非常に稀ですが、一方で、インフレ率を超えて成長していないケースもまた稀です。ほとんどの場合、非常に安定したキャッシュフローを生み出します。安定していて、予測可能な市場です。

　もちろん、悪いことが起こる可能性もありますが、起きたとしても長くは続きません。

　米国市場でギリシャヨーグルトのカテゴリを確立した製造業者があるのですが、残念ながらリコールが発生しました。

　しかし、その後うまく乗り切り、依然として小売店の棚にあり、プレミアムブランドとして成功しています。

　ほかにも例を挙げることができますが、消費財企業が問題を抱えるのは稀であり、問題を抱えたとしても回復します。私が思い出す限り、本当に悪いことが起きて市場から消えたという例はありません。先に述べた通り、安定していて予測可能な市場だというのが米国の消費者市場の大きな魅力です。

「動いている汽車に乗ろう」——
M&Aの成功に必要なこと

米国でM&Aを目指す日本企業を支援する竹中パートナーズ。買収の成功確率を高めるためにやるべきこと、注意すべきこと、買収相手の探し方や日本企業がとるべきリスクについて聞きました。

竹中征夫　Yukuo Takenaka[10]
President & CEO　Takenaka Partners
1965年、米国でピート・マーウィック・ミッチェル（現KPMG）に日本人として初めて採用され、数多くのM&Aに取り組む。のちに筆頭パートナーとして海外進出日本企業を担当。1989年独立。著書に『企業買収戦略』（ダイヤモンド社）。

　私は15歳半でアメリカに来ました。日本では田舎暮らしだったので、魚と言えば煮つけや焼き魚。私自身は、生魚を食べるという経験が日本ではほとんどありませんでした。
　当時を振り返れば、第二次世界大戦で米兵として来日した経験のある方や、日本人をお嫁さんにされた方、そして日系人が日本食を好んで食べていました。
　その後、いわゆるインテリ層が「寿司は肉と違ってヘルシーだ」と言い始め、寿司ブームが広がりました。ハリウッド映画『ウォール街』で、インベストメントバンカーが自宅でパーティーをする場面があるのですが、寿司職人を自宅に呼んで寿司を振る舞うのです。
　白人社会における富裕層の象徴のようなシーンだったので、日本食がアメリカに広がるうえで非常に大きな影響があったと私は思います。
　健康的であるというだけではなく、「寿司を食べるという行為がかっこいい」というブランディング。これが、当時の寿司レストランや食材供給を支える日系の商社など、みんなの努力ででき上がったのだと思います。

10　竹中征夫社長は、本インタビュー直後に逝去されました。

ある時、米国の中西部のメーカーを日本へ視察に連れて行き、寿司を振る舞いました。感想を聞いたところ、「美味しい」と言うのです。接待されている側のお世辞だと思っていたのですが、あとで改めて聞いたら「本当に美味しいと思った」とのことです。

私がその時に思ったのは、**アメリカ人は「最初に食を脳で受け入れると、美味しく食べられる」**ということ。

考えてもみてください。フランス料理のエスカルゴも、普通に考えたらとても食べられないと思います。でも、高級フランス料理の前菜でエスカルゴが出てきたら美味しく食べられます。

日本で本場の寿司を食べたことのある人は美味しいと感じ、その後も食べ続けることが多いのは、とても自然なことだと思います。

日本人はもっとリスクをとるべき

日本は、製造業をどんどん外へ持っていき、輸出するものが徐々になくなってきたと感じています。**最後に日本が輸出するものは、日本の文化だと思っています。私から見ると、その文化の1つが日本食**なんです。

日本は四方を海に囲まれ、四季があって、北の北海道は寒く、南の沖縄は暖かい。こんなに海と接点を持っている国は、ほかにはあまりありません。四季があり雨がよく降るということもあって、日本食はものすごく「清潔な食」です。米国には、干ばつがひどい地域もありますが、砂漠にいたら清潔に食べ物も食べられない。

そして、四季があることで、発酵という技術も生まれました。これらすべては日本独自の文化から生まれたものです。これほどユニークな食文化は世界のどこにもないので、世界で認められるべくして認められていると思います。

残念なことに、その日本食で儲けているのは、日本人ではありません。**韓国人や中国人、台湾人、アメリカ人の方々は、「日本食は面白い、ビジネスになる」と考えて取り組むスピードとリスクのとり方が段違い**です。

日本人も勇気を出して米国に出てくるのですが、次の二歩目を出すというリスクをとりきれず、事業の拡大ができないことが本当に多いです。

例えば、カニカマはもともと日本の食文化ですが、今では完全に米系メー

カーが米国市場のほとんどのシェアを持っています。

　米国のファンドの力を借りて成功したのは、Nobu さん（松久信幸さん、高級日本食レストランチェーン「NOBU」「MATSUHISA」オーナー）くらいでしょうか。**私の願いは、この日本の食文化というチャンスに対して、もっともっと日本人がリスクをとること**です。

　ただ、日本の味をそのまま米国で再現するというのは大きな課題です。

　結局、多店舗で展開する際に重要なのは、「現地の人に触らせないこと」なんです。セントラルキッチンで味をコントロールして、現地では「温める」、「一定のルールで薄める」などしかやらせない。

「触らせない」という戦略で成功しているのは、ナスダックにも上場しているくら寿司です。

　くら寿司では、ロボットが握るし、魚はベトナムで刺身用に切り身にしたものを冷凍で持ってきています。現地人が触る工程は、非常に少なく設計されています。

日本企業に必要な3つのこと

　日本企業は、自前で米国事業を立ち上げることもできます。ただし、ノウハウも時間もかなり必要です。

　一番難しいのは、「優秀な経営幹部をリクルートする」こと。日本の企業が抱える悩みの大半はここだと思います。その事業に合っていない社長を雇ってしまったり、能力があると思ったけれど実はなかったり。

　私が米国で独立して一番苦労したのは、やはり「人」ですね。履歴書を見て良いと思っても、実際に仕事をしてみないと全く分からない。自前で事業を作るにあたって大事なことは、優秀な人を探して育成すること、育成を任せられる能力のある人を雇うこと。

　資金があるから雇えるわけではなく、巡り合いや運の要素が必要なんです。

　そういう意味で、私がいつも申し上げるのは、**「動いている汽車に乗ろう」**ということです。

　止まっている汽車を動かすのは、ものすごく労力が必要です。でも、すでに動いてる汽車に乗れば、スピード感もすべて備えているので、そんなにエ

ネルギーを費やさなくても、その企業の現在のビジネスに乗っかることができます。相手とのコラボレーションをどう作っていくかに注力できます。その方がやはり効率が良い。

スピードと変化の時代ですから、やはり「速く」やらないとダメなんです。10年かけてやるという時代ではないんです。

創味食品さんが現地で製造拠点を買収したケースは、まさにそれにあたります。

すでに工場があり、機械設備があり、FDAのライセンスがあり、従業員がいる。それをつないでいくことで、自分たちのラーメンのタレを作るという目的は十分に果たすことができた。だから、彼らは本当に安い金額で目的を果たして、今では工場もフル稼働しています。

やはり、その「効率の良さ」をどのように求めるかだと思います。ゼロからスタートするのは、はっきり言ってものすごく難しい。

経営人材に加えてもう1つ大事なのは、**「顧客ベース」**があることです。既存の顧客ベースに自分たちの商品を乗せるなど、いろいろなことができる。

食品メーカーが必要とするのは、優秀な経営陣、顧客ベース、そして**FDAの認可**。日本の企業にとって絶対に必要なこの3つを、お金の力で一気に手に入れるというのが、米国食品業界におけるM&Aの基本です。

買収相手をどう探すか

買収するならやはり、自分たちに一番合った相手を探さなければなりません。それが、弊社が実践しているグリーンフィールドリサーチからのM&Aです。

グリーンフィールドリサーチとは、クライアントの事業戦略と、買収相手に求めるものを聞き取り、最適な企業を「ゼロから探す」というプロセスです。

多くの企業は、「既存の取引があるから」とか「市場に売りに出ているから」と言って買ってしまう。もっと自社の戦略に合う企業があるかもしれないのですが、ゼロベースで探してみないと分かりません。

また、グリーンフィールドリサーチは日本企業の商慣習にもフィットしていると思います。

米系の大手M&Aファームなどのデータベースに入っているような、売り
に出ている案件から選ぼうとすると、いろいろな企業と競争することにな
る。そうなると、日本企業の承認プロセスではスピードについていけないこ
とが多いんです。

　弊社は、売り手側の米国の投資銀行50社以上と良い関係を作っています。
彼らから案件が出てきたら、「弊社がタダで日本から候補者を探してあげま
しょう」と言っています。

　ビジネスもグローバルになっているので、日本企業を連れてくる力のある
弊社とは、彼らとしても関係を作りたいところです。その分だけ私たちは
ちょっとわがままを言って、プロジェクトの初めに、会社名は非開示で良い
から、どういうビジネスでどういったことをやっているか、その概況だけを
教えてもらう。

　なぜかと言うと、LOI（Letter of Intent、意向表明書）を待っていたら、日本企業
は他の米系企業などの意思決定スピードについていけないからです。だか
ら、やはり2カ月ぐらい前に事前通知をもらって、弊社はリサーチをして可
能性を探るんです。「こういう企業がこのあとマーケットに出ますから、検討
してください」と。

　興味がないという会社はそこで終わり、興味のあるところが残ります。そ
の後で「NDAをサインしてください」となり、サインすると会社のことは全
部分かるわけです。そして、LOIを出す。

　日本企業の意思決定は、ますます遅くなっている印象です。**社外取締役、各
種規制、J-SOXなどへの対応に手間取っている**からというのがその理由です。

あとで驚かないためのデューデリジェンス

　PMIというのは、もちろん非常に重要です。実際にはそこから本当にゲー
ムが始まるわけですから。一方で、弊社は、「デューデリジェンスからすでに
PMIが始まっている」と考えます。

　一般的なインベストメントバンカーは、ファイナンスのデューデリジェン
スに終始しています。もっと大切なのは、ビジネスのデューデリジェンスな
んです。

228

ファイナンスのデューデリジェンスを中心にやっていると、びっくりすることがあとからどんどん出てくるわけです。

例えば、各顧客ベースで実際にどういう契約で仕事をしているか、社内での検証のコントロールは十分に効いているか、サプライソース（仕入れサイド）に問題がないか。そういう重要なポイントをビジネス角度から見ることが大事です。

できる限り「すべての問題点を私たちのデューデリジェンスで浮上させる」。出てきた問題点は、お金を払ってでもクロージング前に売り手側にできるだけ処理してもらう。特に、社員のクビ切りを買収後にやってしまうと、必ず訴訟になります。これは最重要事項です。

解決できない問題点もあるけれど、少なくとも買ったあとに驚くことがない。そうすると、スムーズにPMIを進めることができます。

ビジネスデューデリジェンスにおいて重要なポイントの1つが、経営陣の質です。

弊社は、米国で買収した会社のトップは、基本的にはそのまま継続させています。正確に言うと、継続させることができる企業をグリーンフィールドリサーチやデューデリジェンスで選定しています。

アメリカ人に任せるためには、信頼できる人でないとダメです。だから信頼が必要なんです。

日本では、「信頼」と「信用」はほとんど同義になっていますが、米国でビジネスするためには、必ずこの2つを分けなければいけません。

日本語の「信頼」は英語だと「trust」に近いですが、日本語の「信用」に準ずる英語はカルチャーとしてあまりありません。

大前提として、「信頼」関係が築けなければ、優秀なアメリカ人の経営人は買収後の企業に残ってくれません。

一方で、「信用」はしていけない。日本企業がやってしまう「任せきり」は絶対によくないので、「見ているぞ」という環境を作ることが必要です。

人間というのは、いいところもあるけれど、悪いところもあるんです。基本的に人間はわがままで自分勝手で、人が見ていないと公私混同が始まってしまう。「見ているぞ」というのを徹底していると、彼らはいつも襟を正します。だから、しっかりした取締役会を作ることが大事です。

ポジティブ思考に切り替える

　私に言わせると、日本の企業は大きな可能性を持っているにもかかわらず、すべてにおいてネガティブに物事を見る傾向があります。

　米国市場での成長を狙うのであれば、意識してネガティブ思考からポジティブ思考に切り替えないと、勝負はできないです。

　100％安全なものなんてないんです。リスクが低ければ低いほど儲けが少ない。

　だから、日本の経営陣の多くは矛盾があると感じてしまいます。「伸ばせ」と言いながら「リスクをとるな」と言う。リスクをとらなければ、伸ばせるはずがありません。

「知られたくない秘密」を見つける──デューデリジェンスで重要な項目とは

JPG ResourcesでM&Aのデューデリジェンスに従事するEric Stief氏。「オペレーションのデューデリジェンス」で吟味する項目について、工場を取得する際に注意すべきことについて聞きました。

エリック・スティーフ　Eric Stief
Business Partner　JPG Resources
Kelloggで新規ブランドを担当したのち、FMC CorporationでM&Aに従事。ウェイン州立大学での学生起業支援を経て、スタートアップ2社に参画。現職に加え、VCファンドのRCV FrontlineでPrincipalを務め、Detroit National Brewing Companyの共同創設者でもある。

私は大学卒業後、Kelloggで数年間、新商品開発に取り組んでいました。現在JPG Resourcesの代表であるJeffなど多くの食品技術者と一緒に働きました。

その後、食品関連のM&Aに携わったり、大学で学内発のアイデアからの起業を支援したり、スタートアップで働いたりしていましたが、Jeffに誘われてJPGに参加しました。

JPGではベンチャーキャピタル部門を構築したほか、M&Aのデューデリジェンスにも関与しています。

JPGで行っているのは、いわゆるファイナンスのデューデリジェンスではありません。食品製造業界における**オペレーションのデューデリジェンス**に焦点を当てています。

食品安全や製造設備のキャパシティ分析、労働のシナジー、工場内のレイアウト、調達の実践などの項目を一つひとつ見ていきます。

適切な数量で購入しているか。材料をできるだけ効率的に利用するための適切なスケジュールを組んでいるか。

こうした項目を通して、クライアントがどこで効率を向上させられるか認識できます。投資を行う際には、買収対象資産を持続的に成長させることが真の目的であるため、ここが非常に重要になります。

例えば、一部の機器が適切にメンテナンスされていないといった問題は、ファイナンスのデューデリジェンスのチームでは通常見逃してしまうでしょう。

　私たちはデューデリジェンスを通じて、ターゲット企業の「知られたくない秘密（skeleton in the closet）」を見つけます。

工場の取得や立ち上げで検討すべきこと

　グローバル展開を目指す企業は、生産を米国に移すことで、米国市場で競争力を持つために必要なコスト削減とサプライチェーンの柔軟性を得られるでしょう。

　しかし、工場の取得や新規立ち上げを検討する際に、私が慎重に考慮するいくつかのポイントがあります。

　米国での製造を検討するクライアントから我々が何度も聞かれるのは、「**リーズナブルな給料で、必要な技能を持つ労働力を確保できるか**」です。

　労働力は信頼できる必要があるのですが、食品製造業であるため、人件費が高すぎてはなりません。例えば、人件費を優先する場合、中西部または南部に拠点を構えるケースが多いです。

　加えて、**供給ルートへのアクセスも重要**です。これには、主要な高速道路や鉄道が含まれます。

　主要な高速道路や交通のハブから遠く離れている施設は、存続できない傾向があります。原材料の調達や完成品の出荷が複雑になり、ターゲット市場に住む人々を引きつけられないからです。

　最初の段階で考慮すべきそのほかの点としては、生産能力、在庫保存容量、施設の適切なインフラ、冷凍処理機能やUSDAのライセンス、当局検査対応用の施設（例えば動物製品の取り扱い）が必要かどうかなどがあります。

　それと同じくらい重要なのは、「**拡張の余地があるか**」どうかです。「Landlocked Situation（使用不可な土地に囲まれた状態）」という言葉が使われることがありますが、拡張するスペースがない場合もあります。

　生産設備が増床や拡張できるのか、倉庫スペースを生産スペースに転換して、倉庫をオフサイトに移動できるかなどの項目を吟味します。

　現在、とある取引を検討しているところですが、あるターゲット企業は主

要な都市の中心部にあり、市場へのアクセスは良いものの、拡張するスペースがない。もう一方には、様々な拡張用地があるものの、市場からは少し離れてしまう。有力な選択肢が複数ある場合は、持続的な成長や収益貢献に向けた総合的な判断が必要になります。

私が特に強調したいのは、新しい生産施設をまっさらな土地に建設する「グリーンフィールド」と呼ばれるケースにおいては、**いくつかの州で競争させることです。なぜなら、米国の各州はそれぞれ独自の小さな"王国"として運営され、互いに競争しているから**です。

多くの州は、企業誘致のための補助金や低利の融資、税額控除などを提供しています。自動車業界でも、食品・飲料業界でも、製薬業界でも、私が関わってきたすべての業界で、各州はビジネスを獲得するために非常に努力しています。

グリーンフィールドの場合、どこでも自由に場所を選ぶことができるので、いくつかの候補州を選定し、天秤にかけていることを知らせ、最良の機会を見つけることを強くおすすめします。

私のメッセージは、「**米国を1つのエンティティとして考えるのではなく、州単位でお互いに競争する一連の小さなエンティティとして考えること**」です。

この考え方は、特にグリーンフィールドの場合にフィットしますが、もちろん工場の拡張余地の確保にも応用できます。

各州の企業誘致の担当者は、新規の雇用がどれだけ生まれるかを測定しようとします。そこで、施設の容量を将来的に倍にすると示すことができれば、賃金の総額を増やす（オートメーション化により、比例しては伸びないと思いますが）企業として有利な条件を獲得できるかもしれません。

第 11 章

食農ビジネスを動かす プライベートエクイティ・ ファンドの存在

　米国のM&A市場における主なプレイヤーは、事業会社だけではありません。実は、**プライベートエクイティ（PE）・ファンドの存在が大きい**です。

　PEファンドの目的は、平たく言えば「企業に投資して成長させ、企業価値を高めたあとに売却、もしくは上場させることで投資リターンを獲得する」ことです。

　PEファームの存在や役割の理解を深めることは、米国食農市場のダイナミズムを理解することにつながるので、本章では本書の趣旨に添った形で簡単に触れられればと思います。

　なお、M&A同様、PEは比較的専門性の高い分野でたくさんの良書があるので、実務的な内容については他書を参考にしてください。

広義のPEと狭義のPE

　広義のPEは、非公開企業、つまり株式市場に上場していない企業への投資全般を指します。

　これには、新しいスタートアップや成長途中の企業に資金を提供する「**ベンチャーキャピタル（VC）**」、さらなる成長を目指す企業に投資する「**グロースエクイティ**」、そして、業歴の長い会社に投資する「**バイアウト**」などが含まれます。企業の成長段階に応じて、様々な形態の投資を行うことを意味します。

　図11-1は、広義のPEの全体像を表しています。

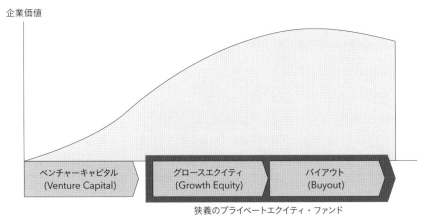

図11-1 広義のプライベートエクイティ・ファンドの全体像[1]

　狭義のPEは、ある程度、成長軌道に乗った企業や成熟した企業の買収（グロース〜バイアウト）に焦点を当てた投資を指します。これは比較的大規模な投資ファンドや投資企業が行うもので、会社を買収して経営を改善し、その後で利益を得るために売却もしくはIPO（株式上場）するエグジット戦略をとります。

　バイアウトファンドでは企業の所有権を完全に握るため、その企業の運営に直接影響を与えることが特徴です。

　本書では第12章でベンチャーキャピタルに触れるので、基本的にPEと言う場合は、狭義のPEを指します。

　食品メーカーに当てはめると、ベンチャーキャピタル、グロースエクイティ、バイアウトの違いは次の表のようなイメージです。

1　筆者作成。

分類	例	出資割合・経営への関与
ベンチャーキャピタル (Venture Capital)	①革新的な健康食品や特殊なスナックを開発したものの、商品化や市場導入のための資金が不足している小規模な食品スタートアップへ投資する ②新しいスーパーフードを使ったスナックバーを考案したものの、製造やマーケティングの資金が不足しているスタートアップに投資する	小
グロースエクイティ (Growth Equity)	①市場ですでに一定の成功を収めているものの、商品ラインを拡大したり、新しい市場に進出したりしたい中規模の食品メーカーに投資して事業の成長を加速させる ②ある特定の地域で人気のある健康食品ブランドが全国展開を目指しているが、そのための資金が不足している時、その事業拡張計画に対して資金を提供する	中
バイアウト (Buyout)	①ある程度成熟した食品メーカーを買い取り、経営を効率化したり、新しいマーケティング戦略を実施したり、M&Aを行うことで再度成長の軌道に乗せる	大

PEの主要プレイヤーと資金の流れ

PEの資金の流れについて簡単に触れましょう。

図11-2にある通り、**投資ファンドをメインで管理する管理人のような人をゼネラルパートナー（GP）と呼びます。**

その**GPがファンドを組成して資金を募る相手がリミテッドパートナー（LP）**と呼ばれる人たちです。機関投資家や政府年金基金などを指します。

つまり、「LPの人たちの資金の蛇口がどのように動いているか」を把握しておくことは、全体感を押さえるうえで大切です。

ちなみに、LPから見るとPEへの投資は「オルタナティブ投資」の一部です。オルタナティブは「代替」という意味なので、伝統的な株や債券への投資に代替される投資です。

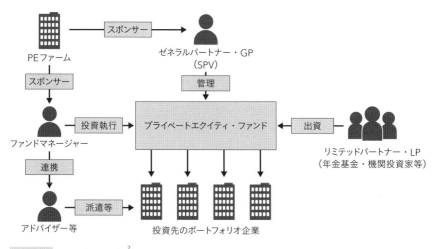

図11-2 PEの資金の流れ[2]

　一般論として、PEは「ある程度時間をかけて企業価値を高める」動きをします。ファンドへの投資資金が長期間固定され、流動性リスク（お金がすぐに引き出せないリスク）が高いと同時に、投資の成否が「投資したポートフォリオ企業をエグジットできるかどうか（≒ファンドマネージャーの手腕にある程度依拠）」によります。

　よって、比較的ハイリスクハイリターンな投資の種類になります。

　加えて、取り扱っているのはプライベートエクイティ＝未上場株なので、情報開示が限定的な中、「投資ポートフォリオの中身をモニタリングする管理コスト」が相応にかかるのが特徴です。

PE傘下の企業の動きをベンチマークする

　付録3に、「食品業界におけるプライベートエクイティ取引事例」をまとめました。こちらを見て感じるのは、**米国食農業界におけるPEのメインプレイヤーは、特定の業界に特化して投資する「スペシャリストファンド」ではなく、幅広くいろいろな業界に投資する「ジェネラリストファンド」のうち、**

2　Claudia Ziesberger他『Mastering Private Equity』のp.6をもとに筆者作成。

消費財セクターとして食品や小売などにも一定程度投資しているファンドだということです。

　原因としては、食農業界における知見・ノウハウ・ネットワークの蓄積が不足しており、投資後の人材の入れ替えによるバリューアップや戦略的なアドオンM&Aの実践が困難であること、それによって期待リターン（MOIC・IRRなどが主な指標）に届かないことなどが考えられます。

　その中で、食農に特化したPEが全くないわけではありません。

　本章末に、食農分野のPEファームでトップランクのPaine Schwartz Partners（PSP）を創業したKevin Schwartz氏のインタビューを載せているので、参考にしてみてください。

　PSPは、Seed to Fork（種子から食卓まで）のフードバリューチェーン全体のうち、Seedに近い川上に比重を置いたポートフォリオを構築していることが印象的なファンドです。その中でも川下の領域で行っているSuja（コールドプレスジュース）への投資やそのバリューアップ戦略は、米国におけるCPG事業開発の1つの「型」のようなものかもしれません。

　そして、その「型」を実現しているのは、業界のトップ人材とのネットワーキング基盤です。このような文脈でも、ネットワーキングの重要性を考えさせられます。

　相応に実績のあるPEは、一定の時間軸で結果を出すために、自分たちのネットワークをフル活用したうえ、成長に必要だが欠けている部分をM&Aで補い、最速・最短距離でバリューアップを狙う極めて合理的な集団だと思います。

　PEの傘下にある企業のうち、自身のビジネスに関係する企業の動きをベンチマークすることは（食農業界にかかわらずですが）、とても有益だと感じます。

成長余地は？　競争が少ないのは？
PEファンドの投資戦略

食品およびアグリビジネスを専門とし、コールドプレスジュースのSujaへの投資などで実績を残してきたPEファンドのPaine Schwartz Partners。業界のトレンド、投資先を検討する際の基準について聞きました。

ケヴィン・シュワルツ　Kevin Schwartz
CEO & Managing Partner　Paine Schwartz Partners
農業機械メーカーのジョンディアが本社を置くイリノイ州モリーンで生まれ育つ。ゴールドマン・サックスの投資銀行部門でキャリアをスタートさせたのち、PEファンドへ移籍、食農業界に注力する。同業界への投資家として20年以上活動している。

　Paine Schwartz Partnersは、食品およびアグリビジネス分野への投資機会のみに焦点を当てたミドルマーケット（中堅・中小の非上場企業）のプライベートエクイティファームです。生産性と持続可能性、肉体・精神両面における健康という2つの主要テーマに投資しています。

　私の生い立ちには農業が深く関わっており、親族は食品やアグリビジネス分野に従事していました。1990年代後半にゴールドマン・サックス社の投資銀行部門でキャリアをスタートし、PEファーム数社を経て、今の会社を設立しました。

　食品およびアグリビジネスは、規模、成長率、回復力の面でセクターとして魅力的であるにもかかわらず、投資が圧倒的に不足しています。そのため、競争が限られています。

　食品・飲料は耐久性のあるカテゴリであり、消費者のニーズに合わせたイノベーションに支えられ、過去70年以上にわたって一貫して年間5％の成長を続けていることをデータが示しています。

　また、2022年12月の時点で、食品および農業は世界総生産の8.2％を占め、2006年以降で最も急速に成長しているセクターです。にもかかわらず、投資されたバイアウト資本全体に占める割合は3％未満でした。

消費者の関心のトレンド

　このセクターの**消費者のトレンドとしては、健康、ウェルネス、安全性、持続可能性への関心が高く、これが投資の機会を提供する**と考えています。

　近年、消費者の70％以上が「より健康になることを望んでいる」という統計があります。Better For You（「BFY」）製品への需要は高まり続け、消費者は様々な小売チャネルの店頭で入手できる商品に満足していません。

　つまり、イノベーションや新興ブランドが参入する余地があります。

　当社は、栄養価が高くて安全な食品を提供することを目的とした商品やサービス、技術をターゲットにしています。

　投資対象として下流企業を評価する際、まず自分たちの投資テーマとの適合性を見ます。

　さらに、国連の持続可能な開発目標（SDGs）と整合しているか確認します。最も重要なのは、飢餓を撲滅し、食料安全保障と栄養状態を改善し、持続可能な農業の推進を目指す「目標2」です。

　そのうえで、ビジネスとしての質と財務指標を厳しく評価します。

　例えば、当社はコールドプレスジュースのSujaに投資しています。

　コールドプレスジュースおよびショット（健康目的で飲む少量の濃縮されたジュース）市場には魅力的な成長機会があること、市場のリーダー的地位を築いていること、最先端の高圧処理能力を持っていること。これらが投資決定の根拠になりました。

　さらに、当社は2022年10月、免疫力を高めるジュースショットの製造会社、Vive Organicの買収を完了しました。年間最大1,300万ドルのシナジーをもたらすと見込まれていました。

　ESGの観点から、SujaとViveのショットボトルのパッケージを100％リサイクル可能にし、各ボトルのプラスチック使用量を約25％削減しました。

　結果、ViveのEBITDAは買収時の2,800万ドルから翌年度には5,100万ドルに増加しました。SujaにとってViveの買収は、当社のオーガニックな事業のみならず、イノベーションとM&Aを通じてヘルス＆ウェルネスの商品基盤を拡大するという方向性に沿ったものでした。

　私たちは投資する際、**ブランドが高成長するかどうかだけでなく、カテゴ**

リそのものの成長を促進するかどうかも見ています。

最上流と下流に投資する

　当社は、食品およびアグリビジネスのバリューチェーンの最上流（アグインプットとその供給：農業や畜産で必要な生産資材など）と下流の部分（付加価値加工、流通）に集中するという戦略を掲げています。

　その領域であれば、コモディティ（品質が均一化され差別化が難しい商品）化リスクと他PEファームとの競合が限定的であるためです。

　例えば、貿易や卸売、動物性タンパク質食品の生産などは、コモディティ化リスクが高いので避けています。また、当社の専門知識が活きないと考えられる小売やレストランなども避けています。

　こうした戦略で、食品およびアグリビジネスという魅力的な市場における投資先を検討しています。

第 **12** 章

新興ブランドや スタートアップが米国に進出 するために必要なこと

　スタートアップとベンチャーキャピタル（VC）については、すでに馴染みのある方も多いかもしれません。日本でも最近、起業家と投資家のペアが相乗効果的に増えていくエコシステム（生態系）の素地や基盤が、少しずつ形成されている印象です。

　本章では、広義のプライベートエクイティ（PE）であるベンチャーキャピタルに触れ、米国食農市場を俯瞰することができればと思います。

　なお、現状で、日系の食農スタートアップ企業が、いわゆるシリコンバレーの著名VCなどから"幅広く"資金調達するうえでは様々なハードルがあり、やや現実的ではない部分が多いです。そのため、「当地VCからの調達ありき」の論調になってしまうと誤解を招き、ミスリードしてしまう恐れがあります。

　本章の目的は、あくまで米国におけるVCと起業家のエコシステムに触れ、当地における競合他社や事業環境について把握することとしています。

VCとPEの違い

　そもそもVCとは、会社を立ち上げて間もなく、まだコンセプトのみの段階や売上が立っていない段階でも、「将来の爆発的な成長性」を見込んで資金を受けられるという資金調達の手法の1つです。ベンチャーキャピタリストは、そのポテンシャルを信じて投資をします（第11章の図11-1「広義のプライベートエクイティの全体像」を参照）。

　参考までに、図12-1はシード投資からラウンド投資（いわゆるシリーズA、B、

Cなど）までをまとめたイメージ図です。

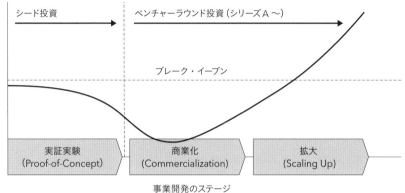

図12-1　シード投資からラウンド投資まで[1]

　極端に言えば、VCは100社に投資して99社から投資資金が回収できなくても、1社でもその他の99社分の投資を充足して余りあるリターンを弾き出してくれればそれでOK、というビジネスモデルです。前章のPEと比べると、その投資哲学や振る舞い方（ビヘイビア）はかなり異なります。
　私の限定的な経験ではありますが、実際、ベンチャーキャピタリストとPEファンドマネージャーでは、全く性質が異なると感じます。
　ベンチャーキャピタリストが対峙しているのは、「まだこれからどうなるか分からない起業家や技術」です。そのため、「先見の明や決断力」が求められる印象です。
　一方、PEファンドマネージャーが対峙するのは、ある程度、事業として成熟した経営陣などです。「業界知識とトップ層の人脈によるバリューアップ力」などが、比較的重要な要素となる印象です。
　第8章のインタビューに登場したBeyondBrandsのEric Schnell氏も、「BeyondBrands Ventures Fund」というファンドに関与し、約30社にエクイティ投資を行っています。その投資基準について、同氏は次のように語ります。

1　Claudia Ziesberger他『Mastering Private Equity』のp. 22をもとに筆者作成。

第一に、創業者つまり "ジョッキー（騎手）" を信じることが最も重要です。というのも、最初の数年間で、多くの事業内容の変更（ピボット）があるからです。「この人は厳しい経済や市場で生き残り、成功する能力があるか」をよく確認します。

米国では、年間3万点のCPG商品が発売されています。そのうち75%はうまくいかず、市場に残りません。

実際にローンチしたブランドの中でも、最初の1年の終わりまでにビジネスを停止するのは平均して5%程度。さらに、2年目の終わりまでに、80%が消えてしまいます。3年目に生き残ったブランドの中でも、販売チャネルを持っているのは1〜2%です。

だから、投資する際は、創業者が初めの数年間に厳しい決断を下す能力を持っていると信じられる必要があります。そういうわけで、ジョッキーに賭けること——これが最も重要です。

2番目に重要なことは、そのブランドがカテゴリをdisrupt（破壊して席巻）できるかどうかです。例えば、私たちはアイスティーのカテゴリで10位のブランドに投資することはありません。

そのカテゴリでトップ3のプレイヤー、つまり「Category Captain」になれるかどうかを判断します。というのも、バイヤーと商談をする時、「同じカテゴリでは3つのブランドしか持たない」というポリシーを持った相手だった場合、3番目のブランドになれるかどうかが肝心だからです。

例えば、ココナッツウォーターが流行した15年前、そのカテゴリを築き上げた3つのブランドがありました。

その3つは、全米の消費者にココナッツウォーターの美味しさと利点を伝えるために競争していました。小売側としても、新しいカテゴリを形成するには3つほどのブランドが必要であり、3つともそれぞれ販売チャネルを持っていました。

一方で、4番手以降のブランドは販売チャネルを持っていませんでした。よってエクイティ投資先としては、私たちはカテゴリをdisruptするトップ3に入る可能性があるかどうかを確認しています。

最後に、私たちはブランドのミッションとビジョンを非常に重視して

244

います。それが生産者のためであるか、環境のためであるか、持続可能性のためであるかにかかわらず、世界に対して良いインパクトを残すことを目標とすることを望んでいます。

アジア系のCPGへの投資がVCのトレンドに

　付録4に、特にアジア関連食品のCPGに投資しているVCを中心にリストアップしているので、参考にしてみてください。

　アジア系移民の人口が増えるにつれて、アジアの味を届けるCPGがVCから資金調達するようになっています。第4章に掲載したOmsomのインタビューの通り、米国で「アジア系食品のルネッサンス」が起こっているのがよく分かります。

　これらのスタートアップの特徴として、①ファウンダーと商品に強烈なパッションやストーリー性がある、②ファウンダー自身が広告塔を兼ねている（≒SNSマーケティングで共感を呼ぶことが上手である）といった点は共通しているように感じます。

　日本発のスタートアップが、これらの共通項を実現しようとした場合、「創業ストーリーに共感する米国現地人（ネイティブ）を雇用していること」は、米国市場に深く刺さり込むうえでの必要条件となる印象です。

日本企業の「売り込み力」に表れる日米のプロトコルの違い

日系食品メーカーの事業開発に重きを置くVCの外村仁氏。日本のスタートアップがなぜ米国のVCを攻略できないのか、日米のプロトコルの違いについて押さえておくべきことを聞きました。

外村仁　Hitoshi Hokamura
Food Techエバンジェリスト／投資家
Bain & CompanyやAppleで戦略策定や市場開発に従事後、2000年にシリコンバレーでテックベンチャーを創業。2010年よりエバーノートジャパン会長を務める傍ら、フードテックの黎明期から現地で関わる。SKS JAPAN共同創設。『フードテック革命』(日経BP)監修。

　私は現在、VCに身を置きつつ、投資というより事業開発をハンズオンで実践するのが主な仕事です。投資は事業開発における1つの手段と捉えています。

　まず、現実として**食農関連スタートアップに限らず、日本のスタートアップが米国やイスラエル、イギリスの著名VCから資金調達をしているケースは非常に少ないです**。直近10年間を通して10件もないと思います。

　食農分野で言うと、日本のスタートアップの数がまだまだ少ないうえに、きちんと差別化されているケースが限られています。これは、日本でIT業界のスタートアップが出始めた頃も同じだったので、単純にまだこの分野での起業が始まったばかりだということだと理解しています。

　その理由の1つとして、博士号（PhD）を持っている人がスタートアップに関わることがまだ少ない。日本の場合、食農分野に限らず、ITも含め、いわゆる「文系のスタートアップ」が目立ちます。

　つまり、アイデアマンが、米国や他国で見聞きしたビジネスモデルを焼き直して、ちょっとひねりを加えて日本市場向けに仕立てたようなビジネスがとても多い。その根本に世の中を変える技術があるかと言うと、あまりないことが多いです。

それは世界から見ると、競争力に乏しく、隙間産業のように見えてしまうでしょう。**グローバルでスケールできるかどうかを考える当地のVCからすると、そもそも投資の対象になりにくいというのが一番根本的な問題**です。

日本のスタートアップが抱える課題

日本のスタートアップの課題をさらにいくつか挙げると、英語でコミュニケーションができないことと、さらに本質を言えば、日米でビジネスをするうえでプロトコルの違いを理解できていないこと。

仮に良い事業を持っていたとしても、ズバッと英語で表現できるファウンダーが少ないです。

「明晰な英語で端的に気持ちよく伝えられるかどうか」という部分は、表面的に聞こえるかもしれませんが、やはりとても大切だと思います。

ひと昔前は、英語が下手でも良かったのですが、この10年ぐらいは「英語でその場で議論し結論を出せないとダメだよね」と言われるようになり、残念ながら日本育ちの人にとってはちょっと不利な環境です。でも、これが現実です。

また、シード期にそのビジネスや海外展開に知見のない方々から投資を受けていて**株主構成が複雑な場合、「その後のラウンドで入ってください」**とお願いしても当地の**VCが投資することはまずない**と思っていただきたいです。

加えて、せっかく良い技術を持っていても、特許が日本限定だったりする。そうなると、そんな会社にわざわざお金を入れなくても、米国にたくさんいい会社があるから、別に投資する意味がないとなるわけです。

私は、このあたりを考えずに起業家に投資したり支援してしまう日本の現在の仕組みに問題があると考えています。仮に、内容が良くてポテンシャルがあったとしても、海外の投資家が投資したくても投資しにくい環境を自ら作ってしまっていると感じます。

自分たちが対象とする市場、あるいは投資してもらう会社にとってどんな魅力があるか、どんな差別化ができるかということをしっかり考えて、ライトパーソンに話をしていけるかどうかが大切です。

プロトコルの違いで損している

　スタートアップのピッチは、「相手が興味を持ったら次のステップに行く」というものなので、最初の興味を引くのがゴールです。それは創業者の素質やストーリーも関わることかもしれません。

　本質的ではないものの、「やる気のある顔で明るい前向きな表情で、何事も明確に伝える」というのは最も必要とされる要素です。まず相手の自分に対する興味を引かないと話になりません。

　そのうえで、「ビジョンや解決したい課題は何か、それを実現するためにどんなテクノロジーや発想があるのか、その骨組みはどうなのか」を伝えることが必要です。

　何か新しいテクノロジーや発見に裏打ちされたものを使って、世の中の社会課題を解決する。あるいは、今やっていることを極端に低コストで実現できる、大幅な改善ができる。そういった点を確認します。

　そして、「それを誰が実行しているか」という部分でファウンダーの経歴やチームの博士号取得者や専門性などを確認します。ファウンダーの素質は、「最初の4分」では分からないので、その次のステップになることが多いです。

　起業家として十分な経験があるのかどうかも、大事な材料です。最初の創業は失敗に終わることが多いですが、その失敗も貴重な経験値としてその後はプラスとして受け取られます。

　何度か起業の経験がある人なのか、チームはどうか、会社を運営する人としてタフであるかどうか、といったところはもちろん重要です。そのあたりがピンと来たところで、次のステップに進むイメージです。

　また、スタートアップだけでなく、日本の大企業にも通じることですが、プレゼンテーションの最初の方で会社の概要や組織図を丁寧に説明する方がいますが、これは大きな間違いです。

　「うちは200年の歴史があります」「今の理事長はこの人で……」「組織図はこうなっていまして」などは、もし時間があって相手に聞かれれば、補足的に説明する程度で良いです。当地VCや米系企業は、会社の組織や歴史の説明が始まった時点で、大方の興味を失ってしまうと考えてください。

　例えば、私がEvernoteに在籍していた時に出資してくれた日系大手の担当

者が、よく出張で米国に来ていたのですが、面談の時間が会社の説明で終わってしまう。結果として、逆にお互いの信頼を落とすという残念な経験を何度もしています。

典型的にNGな資料は、事業紹介、組織図のあとに、自分が持っている事業やプロダクトをずらっと並べて、「うちにはこんな部署・商品があります、こんな技術があります」と言って、「さあ、どうぞ選んでください」で終わる。これが最悪なパターンです。

これは単なるプロトコルの違いで、悪気はないと思います。誰も教えてくれないから気づかないだけだと思います。

「持てる武器を全部見せたら、相手が良いものを拾ってくれるんじゃないか」という期待が、日本人の商慣習や仕事のコミュニケーションの根幹にまだ根強くあるのでしょう。デパートの外商方式ですね。

しかし、こうやって相手に選ばせる方式は、大方うまくいきません。どれか当たるだろうという甘い期待も通用しません。**あなたとこういうことをしたい (I want)** というのを伝える。**その内容が相手に刺さらなくても、その場で少し軌道修正すればいいだけ**なんです。空振りでもいいから、「こちらの方向でやってみたい」と伝えることが大事です。

「相談します」ではなく自分の意見を言う

Evernote元CEOのフィル・リービンはアイデアマンなので、日本から来た担当者に、事業連携の柔らかいアイデアの話をいろいろ提案していました。でも、「それは技術的にできるかどうか分からない」「ちょっと相談して予算がとれるか確認する」といった返答が多い。

もちろんフィルは、それをやるとしても、上司のグループ承認や予算が必要であり、即答できないことは分かって聞いています。でも、**担当者が「分からない」と言った瞬間、アメリカ人の感覚では「興味がないんだな」と思ってしまう。**

もちろん、その話がつまらないと思ったら、賛同しなくてもいいです。ただ、面白いと思ったら、「それはすごく面白いと思います」と個人としての意見を言うべきです。

それを「言っちゃったからやらなきゃいけない」とか「やれなかったら困るから、ちょっと上司と相談してから」と感じる必要は全くないのです。

これもプロトコルの違いと言えるかもしれませんが、結果的に言えば、入り口で印象が悪いと何も先に進みませんよね。「この人なんか面白そうだな」と思わせないといけない。

とても当たり前のことなんですが、日本の人はそれよりも先に「資料に書いてある通りに全部説明するのがマナーだ」などと思い込んでしまっている。だから、「つまらない時間だったな」と思われてしまうのが残念です。

目的を持って展示会に出展する

また、展示会にブースを出すにしても、スタートアップに限らず、多くの日本の企業にとってブースを出すこと自体が目的になってしまっていると感じます。

来場者が何万人も訪れて、カタログはいっぱい持って帰るけれど、結局その後の売り上げにはつながっていないことが多くないでしょうか。「カタログや試供品が全部なくなりました」と言って喜んでも仕方ありません。

目標は現地での知名度を上げることなのか、関連記事を米国内で出したいのか、ディストリビューションのための代理店を探したいのか、それともテスト導入の事例を1件でも2件でも作りたいのか。何のためにこれをやっているのか、目標の設定ができていないケースが多いです。

日本の展示会では普通にできているのだけど、海外の展示会に来ると、"来る"というロジスティクスの部分でエネルギーの大半を使ってしまって、「出展したことで満足する」ことがどうしても多くなります。

例えば、2024年のCESのフードテックブースに初めて日本のスタートアップが出展し、心強く思いました。

日本で何百台と売れている中、次の市場として米国を見ています。しかし、やはり全く違う市場への参入なので、考え方の切り替えがとても大切です。

当然ながら、米国では知名度がなく、日本からの輸出費用も含めコスト競

2　毎年1月にネバダ州ラスベガスで開催される電子機器の世界最大の見本市。

争力が落ちることに加えて、ディーラーもいません。米国でのメディア出演もなければ、彼らの商品をテストして「こっちが美味しかった」と言う証言者もいません。

その中で、CESに出展してカタログを持って「これを買ってください」と言っても、英語ができる日本市場に向かってアピールしている状態になってしまいます。

日本のように、類似の技術を持つ会社がたくさんあって、みんながスペックで勝負している場合は、スペックの違いを説明することは大事です。ただ、米国はそうではない。

「そもそも、なぜそのソリューションが必要なのか」や「それを利用することにより何がどのように良いのか」という根本的なところから丁寧に伝えていく必要がある市場です。

このような場合は、カタログなどを使って「モノを売りに行く」のではなく、「ソリューションで課題を解決する」といった社会的ミッションを説明する資料が効果的です。

もちろん、CESに出展するのはとても良いことです。ただ、出展することをどうやってCESの来場者に知らせるのか、メディアに知らせるタイミングはいつが良いのか、呼び水になるような記事が初日に出るように計画しているか、などを戦略的にプランすることもとても大切です。繰り返しますが、ブースを出すのは決して目的ではありません。

日本食のどこに価値があるのか見つめ直す

日本の文化を振り返った時に、世界で勝つ可能性が最も高いのは食農分野だと直感的に思っています。ここに異論のある方は少ないでしょうし、国家戦略として取り組む価値があると思います。

例えば、「発酵」というキーワード1つをとっても、まだまだ深掘りが必要です。

最近も、30人ほどの関係者を連れて、愛知県の三河（醸造業が盛んで発酵文化が豊かな地域）で、関連する場所を十数カ所訪れてきました。

参加者の中に、ニューヨークの有名レストラン、ブルーヒル（食の未来を志向

する二ツ星の実験的レストランで、Farm to Table の先駆け）のシェフがいました。

　彼は「伝統的なみりん」の製法に感動して、「自分の差別化要素として取り入れたい」と言っていました。やはり日本の現地に来て本物の製法を見せると、「非常に印象深い」そして「何より味が本当に良い」と言います。

　日本の伝統製法を米国のライトパーソンに直接見せることで（たった3日程度のツアーであっても）、そのような継続的なビジネスが生まれるわけです。やはり日本の食と農のポテンシャルはものすごいということをトップシェフの目を通して実感します。

　他方、「本みりん」として流通しているのは全体の2割程度あるものの、そのうちみりんの伝統製法「米1升、みりん1升」で作られたものは、日本のみりん全出荷量のうち約1%しかありません。

　そもそも、多くの日本人が「みりん」という調味料は知っているものの、本当の伝統製法で作ったみりんがどういうものかを知らないわけです。これは大変残念かつもったいないことです。

　海外進出支援を行う我々のような立場の人は、場当たり的にやるのではなく、マトリクスを整理し、本当に海外と戦える食と農の伝統を見つめ直していく必要があります。

　日本は食文化に贅沢すぎて、日本人が当たり前だと思っていてあまり価値を認めていないものがたくさんあります。Steve Jobs ではないですが、当たり前と思っている食材の価値の「再定義」。これが我々が日本の食のために今やらねばいけないことだと思います。

第 **5** 部

押さえておくべき
食と農のトレンド

第 **13** 章

脱炭素で注目される
「環境再生型農業」

　農業における「脱炭素」の文脈で、**Regenerative Agricultureつまり環境再生型農業**（再生農業）が、米国農業界で注目を浴びています。略して"Regen. Ag"と呼ばれることも多いです。そのコンセプト自体は古くからあるものの、再び関心を集めています。

　キーワードは、「Biodiversity（生物多様性）」「No-till（不耕起）」「No-artificial fertilizer（化学肥料減少）」「Regenerative grazing（再生的放牧管理）」など。こうしたワードが、その農法の実践における「型」として語られることが多い印象です。

　表に基本的な実践とその狙いをまとめています。

実践	狙い
生物多様性の促進	収穫する予定のないカバークロップ（被覆作物）を植え、作物の輪作により生物多様性を促進。カバークロップは土壌を保護し、作物を輪作することで土壌に栄養を追加
耕作の排除または減少	耕作を減らすことで、土壌の健康が改善。土壌浸食と二酸化炭素の排出が減り、炭素隔離が増加
化学肥料の使用削減	土壌微生物の自然なバランスと植物の栄養吸収を促進。化学肥料に依存することなく、植物が自然な形で環境汚染を低減
再生的放牧管理による家畜利用	土壌の炭素沈着、水分保持、植物と昆虫の生物多様性、牧草地の条件が改善

本書執筆時点では、再生農業による環境負荷の低減と生産性向上の両立について、様々な調査・分析が行われている段階であると捉えています。例えば、ボストン コンサルティング グループからは、カンザス州において再生農業の農法により収益性を最大120％向上させられるという分析結果を示したレポートが出ています。[1]

本格的な実践や定着に向けて、今後どのようにプレイヤーが参入していくか、多くの農業関係者が着目している状況です。

他方、ご存じの方も多いと思いますが、米国の農業は図13-1にある通り、農業者数が1935年にピークに達してから、基本的には効率的な収量改善に重きを置いてきました。スケールメリットを狙う農業の大規模化で、その生産性を向上させてきたわけです。

つまり、土壌の健康に配慮しているとは言いがたい、化学肥料の大量散布などにより生産性を向上させた歴史がある。**再生農業によって得られるメリットは、「長期的な収量改善やカーボンクレジット売却による追加収入」にありますが、それだけでは生産者への動機づけとしてはやや決定打に欠ける印象**があります。

ただ、大手の小売業界では、気候変動の影響によって米国の食材調達のボラティリティが急激に高まっているため、長期的な食料の安定調達はすでに顕在化しているリスクとして認識されています。これを受けて、少しずつ動きが見え始めています。

付録5には、最近の再生農業関連のニュースをまとめたので参考にしてみてください。これらのニュースを見ると、政府やアカデミア（大学研究機関など）、産業界がそれぞれの立場から、再生農業の実践に向けて少しずつ取り組んでいる印象を受けます。

しかしながら、上述の通り、現状の農法を大きく変更すると、農業界の主要プレイヤーの収益源（キャッシュドライバー）が短期的にはマイナスの影響を受けると予想されます。主要プレイヤーとは、肥料や農薬のメーカー、伝統的農法を実践してきた大手農業生産法人などです。こうした中、様々な力学が働くと思うので、今後の動向には注視が必要だと感じます。

---

1 https://www.bcg.com/publications/2023/regenerative-agriculture-profitability-us-farmers

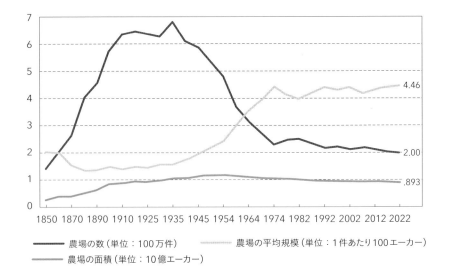

図13-1 歴史的に米国農業は農家の大規模化により生産性を向上[2]

また、大統領選挙によって政権が交代すれば、政策が変わることがあります。

---

2 USDAのEconomic Research Serviceより。上：USDA National Agricultural Statistics Service, Census of Agricultureおよび"Farms and Land in Farms: 2022 Summary"のデータを使用、下："Agricultural Productivity in the U.S."より

あくまで参考までですが、付録6に、州別の農業生産額ランキングと各州の2020年大統領選時の支持政党を記載しています。Blueは民主党支持が強い、Redは共和党支持が強い、Swingは支持が分かれている州を表します。

図13-2の通り、大統領選の勝敗を左右するいわゆる「Swingステート(州)」の農業生産額は、全米農業生産額の4割弱を占めています。米国は農業大国なのでやや当たり前ではありますが、農業関連政策は両政党にとって非常に重要な要素の1つであると改めて感じます。

なお、第14章に掲載したAgFunderのManuel Gonzalez氏のインタビューでも、再生農業について触れているので参考にしてみてください。

また、ドキュメンタリー『キス・ザ・グラウンド：大地が救う地球の未来』は、再生農業の世界観をうまく伝えていると感じます。Netflixで観られるので、まずはこちらを見て大体のイメージをつかむというのはおすすめです。

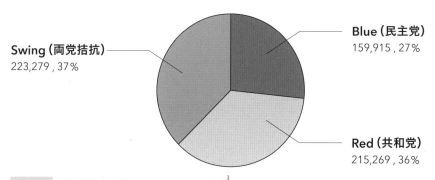

図13-2　州別農業生産額（単位：百万ドル）×政党[3]

コラム　Walmartと気候変動

Walmartは、安定的な食材調達に対する危機意識などを背景に、再生農業の実践を支援する旨を表明しています。

米国小売業界を牽引する存在であるとともに、国内に約4,600店舗を抱え、巨大なカーボン・フットプリントのある企業です。同社の食品調

3　USDA発表の州別農業生産額（2022）および2020年大統領選挙結果などをもとに筆者作成。

達に関する目標設定やその実行度合いについては、米国食品業界における脱炭素という文脈で、特に注目していきたいトピックです。

以下はWalmartの脱炭素や自然資源の再生に関わる主要な数値目標です。

「Project Gigaton」

Walmartは2017年、「Project Gigaton」を開始しました。

サプライヤー、気候変動対策関連のNGO、その他のステークホルダーを通じて、商品のバリューチェーンの脱炭素化を目指しています。2030年までに1ギガトンの温室効果ガス排出量を削減または回避することを掲げています（写真、同社ウェブサイトより）。

このプロジェクトを通じて、脱炭素化に必要不可欠かつサプライヤーのビジネスに関連する「6つのアクション領域（エネルギー、廃棄物、包装、輸送、自然、商品の使用とデザイン）」を定めています。2023年度の時点で、75％を達成（標準進捗率を上回るペースで推移）しています。

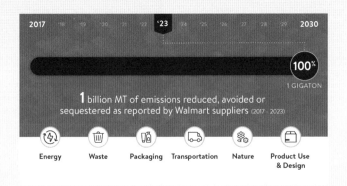

自然資源の再生

また、Walmartはビジネス実践の中心に「自然資源の再生」を据えており、2030年までに少なくとも5,000万エーカー（日本の国土面積の約半分）の土地と100万平方マイル（日本の国土面積の約7倍）の海洋を保護するとともに、より持続可能な状態に復元・管理することを掲げています。

農地に投資するファンド

あまり馴染みがない読者の方が多いと思いますが、不動産投資ファンドがあるように、農地への投資ファンドも存在します。

最近では、こうした**農地ファンドの間でも、再生農業や森林農法（Agroforestry）を推進する動き**が、少しずつではありますが出始めています。

例えば、前述のAgFunderのインタビューで登場するPropagate社は、その別の顔として、「農地ファンド×森林農法」という立ち位置で、Agroforestry Partnersという投資ファンドを始めています。

一般的に、農地や森林といった自然資産は、インフレーションとの相関性が高いです（≒インフレヘッジが効く資産）。

というのも、農作物の販売などから得られる収入（インカムゲイン）と、安定した資産価値の上昇（図13-3参照）による売却益（キャピタルゲイン）の両方が見込まれるからです。よって、長期的な投資資産として、以前より注目が集まっています。

図13-3 農地の資産価値は上昇している[4]

さらに、再生農業を実践する農地はカーボン吸収率が高まり、「将来的なカーボンクレジット売却による追加収入」が見込まれます。このことから、農地ファンドへの資金の出し手であるLP[5]にとっても、ESG投資のポート

---

4 FRB "Financial Stability Report 2023"
5 LPについては第11章の図11-2参照。

フォリオを拡充させるうえで魅力的に映っています。

　一方で、上述の通り、伝統的な農法から再生農業への転換は、これまでの農法を大きく変えていく話になります。再生農業を軸とした農地ファンドは、従来の農地ファンドの収益特性とは異なる部分もあります。「今後、どの程度の規模感で資金が流入していくか」という点については、関係者も着目しています。

　いずれにしても、農地ファンドというルートでの米国農業への資金流入が、「再生農業の広まりを左右する1つの要素」になり得るので、今後注目していきたい領域です。

コラム　サステナビリティという言葉の意味

　米国で食品を展開するにあたり、「サステナビリティ」は避けて通れないテーマです。第2章のインタビューに登場した大西ジョシュ氏は、「サステナブルな寿司」を展開しています。米国においてこの言葉をどう捉えるべきか聞きました。

　　全米およびカナダのほぼすべてのスーパーに対し、私たちは「サステナビリティの寿司」という切り口で営業していました。ある意味、営業しながら「サステナビリティの寿司」について啓蒙できたのではないかという思いもあります。

　　当時、スーパー内にあるグロサリーや飲食系の主要業界誌に多く取り上げてもらったのですが、「お寿司もサステナブルな商材を扱わないといけない」という内容で、環境問題に関心が高いターゲット層に向けて強く訴えました。

　　その時点で、もちろんWhole Foodsは先に対応していましたが、他のスーパーにも「シーフードをいかにサステナブルなものにしていくか」という課題意識はありました。ちょうどKroger、Albertsons、Safeway、Walmartあたりが、次々にサステナブルなシーフードの調達目標を設定し始めました。

例えば、養殖であればMSC（Marine Stewardship Council、海洋管理協議会）などの認証を持っているなど、簡単な基準だけだったのですが、現在はロジスティクス全般も含めて、トレーサビリティについてより包括的かつ深い説明が求められるようになっており、業界としての意識は非常に高まっていると思います。

　また、大西氏は、サステナビリティという言葉を狭く捉えるのではなく、少し広く捉えてもいいのではないかと語ります。

　例えば、私も支援しているKimino Drinkのジュースは、「高齢化が進む農業の活性化」や「農家や生産者を直接サポートしていく」というブランディングメッセージが背景にあります。広義に解釈したサステナビリティの概念として、米国では重要視されていたりします。
　また、DE&Iという観点から、特に中小企業であれば、「マイノリティオーナー」「女性経営者」といった切り口は武器になるでしょう。そういう要素があるところから商品を調達しようというインセンティブが働きます。
　例えば、展示会のブースで、スーツにネクタイ姿の中年の男性オーナー社長が立っているよりは、その娘さんが「私が社長です」と言って話している方がバイヤーが乗ってきやすい、ということは実際あります。
　サステナビリティもSDGsも、一般的なアメリカ人はよく分かっていないですし、定義としてきちんと捉えている人は少ない印象です。広く捉えておいて、「バイヤーや消費者は、結局何が気になるのか」というところを少しずつ理解していくことが重要です。
　日本人の特性として、サステナビリティを考える時に「枠にはめて、何かきちんと定義やルールや法則に沿って」という感覚があると思います。でも、「SDGsの中の目標13や目標11が……」というのではなく、いかに要所を押さえていくか。それがとても重要だと思います。

第13章　脱炭素で注目される「環境再生型農業」

第 **14** 章

「肉から植物へ」の流れに
乗るイノベーティブフード

　米国の食農分野のもう1つのトレンドとして、**プラントベース食品（植物由来食品）** があります。この市場は、Beyond Meat や Impossible Foods などの企業によって牽引されてきました。

　しかし、市場拡大の鈍化（図14-1参照）やVCからの資金調達状況などを踏まえると、最近では一定の転換期を迎えていると感じます。

	売上高	年間成長率	3年成長率	ドル換算シェア	売上個数	年間売上個数成長率	個数換算シェア	世帯あたり浸透率	リピート率
プラントベース食品合計	80億ドル	7%	44%	1.4%	19億個	-3%	1.2%	60%	80%
プラントベース肉	14億ドル	-1%	43%	1.3%	2.6億個	-8%	1.7%	18%	63%
プラントベース牛乳	28億ドル	9%	36%	15.3%	7.5億個	-2%	14.7%	41%	76%

図14-1　主なプラントベース食品の成長率（2022年）[1]

　図14-2には、プラントベース食品を1〜2回トライしたものの継続的に購入していない理由が挙げられていますが、「味」という回答が最も多くなっています。

1　Good Food Institute "In U.S. retail alone, plant-based foods are an $8.1 billion market"
https://gfi.org/marketresearch/#introduction

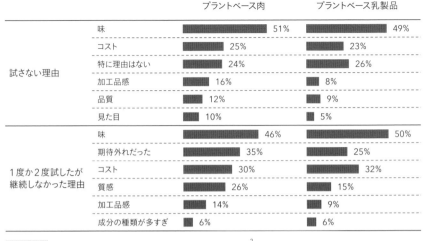

図14-2 プラントベース食品消費への抵抗感（2022年[2]）

　プラントベース食品をはじめとする新しい技術に裏打ちされた「イノベーティブフード」の分野に参入している企業は、培養肉や機能性付加によって、ますます注力している印象が強いです。それと同時に、ビジネスモデルとしても、B2C[3]でなくB2B[4]の立ち位置を模索しているケースが多くなってきていると感じます。

すべての食品の成長率を上回る

　The Good Food Institute（米国食品トレンドなどの調査団体）によると、2019年から2022年にかけてプラントベース食品のユニット売上成長は、動物ベースの食品を含むすべての食品の成長率を上回っています。

　また、消費者の多くは肉の消費を減らし、プラントベースの食品の消費を増やすことに興味を持っています。クレディ・スイスの調べによると、「10カ国において、16〜40歳の消費者の66％が、将来的に植物ベースの肉や乳製

2　図14-1と同じ。
3　Business to Customer、企業と個人消費者との取引。
4　Business to Business、企業と企業が行う取引（企業間取引）。

品の代替品により多く支出することを考えている」ようです。[5]

　食習慣は、概ね若い頃に形成されると言われます。新しい世代は、**学生時代からSDGsなどについて触れており、今後は持続可能性に対するリテラシーが高い世代がメインの購買者**になります。つまり、プラントベースの食品の消費を増やすことに興味を持っている世代です。今後、さらに市場が拡大する可能性は十分高いです。

　付録7に、「イノベーティブフードの分野で調達額の大きいスタートアップ企業」をまとめているので、参考にしてください。

5　Good Food Institute "2023 outlook: The state of the plant-based meat category"
　https://gfi.org/blog/2023-outlook-the-state-of-the-plant-based-meat-category/

食品市場を変えるイノベーション、そして克服が困難な課題

環境再生型農業、プラントベース食品、垂直型植物工場……。なぜこうしたイノベーションは、課題を抱えているのか。著名VCのAgFunderに、そうした課題を克服した具体的な事例とともに聞きました。

マヌエル・ゴンザレス　Manuel Gonzalez
Managing Partner　AgFunder
メキシコで食品系物流会社を立ち上げCEOを務めたのち、オランダ系の金融機関Rabobankに参画。同行では、メキシコにおけるカントリーヘッドなどを経てManaging Directorを務めた。

私はメキシコ出身で、もともと起業家としてキャリアをスタートしました。ヨーグルト会社を設立し、ジョージタウン大学でMBAを取得している間に、それを売却しました。

その後、メキシコシティで銀行員として22年間過ごし、大規模なプロジェクトの資金調達、合併や買収に携わりました。そして2020年、AgFunderに参画しました。

規制ドリブンか、消費者ドリブンか

環境再生型農業については、本当の意味で誰もが共有している定義はありません。

人によってこの言葉の意味は異なりますが、AgFunderの視点から見ると、それは「**環境が持続可能な農業の実践**」を意味します。

脱炭素だけではなく、土壌の健康、化学薬品の使用低減、水の取り扱いなど、多くのことを指します。それは「環境のために正しいことをすること」を意味し、より持続的な農業への転換を助けるものです。

ポイントは2つあります。1つは、環境再生型農業を促す規制の側面、もう

1つは、環境再生型農業を実践するビジネスの側面です。

例えば、EUは規制当局によって環境再生型農業が求められるという一定のプレッシャーがあります。それを理由に取り組む企業の例はあります。米国はそこまでではありませんが、中にはカリフォルニアのように独自で厳しい規制を持つ州があります。

例えば、カリフォルニアの規制当局は、2030年までに酪農をカーボンニュートラルにするように要求しています。

では、規制ドリブンでビジネスを創出すべきなのか。

どちらかと言えば、私は**「純粋に規制ドリブンでのビジネス創出」については懸念**しています。その規制はどのようにして生まれたのか。どういった科学に基づいて、どの技術の視点に基づいて制定されたのか。説明するのは簡単ではないはずです。

新しい規制が生まれると、企業経営に反映させるために、基本的には財務会計の原則や公表すべき指標などに紐づける形で世の中に浸透していくことが多いのですが、その紐づけ方に疑問が残る場合があります。

誰がどこでそれをテストしたのか。この規制はむしろ物事を悪化させることはないのか。そんな疑問が浮かびます。

規制は、制定時点で分かっていることに基づいています。将来の技術がどのように進化していくかに基づいているわけではありません。

私たちが規制に基づいて目標を設定する場合は、それがイノベーションの障害にならないように深く考えなければいけません。

もう1つの側面は、グリーンウォッシングです。

「私は規制によって目標を負っているので、炭素削減の目標に従います（その過程が現実的かつ本当に持続可能な手法を用いているかどうかにかかわらず）」という企業は今後、ますます増えるでしょう。

多くの企業が非常に野心的な目標を持っていますが、必ずしも各社が明確な解決策を持っているわけではありません。しかし、設定したからには目標に到達しなければなりません。

そのような動機で物事が動いているようでは、本当の意味で持続可能な世界とは言えません。しかし、世の中が今、そこに向かっていることは事実です。

環境再生型農業に限らず、あらゆる分野に通じることですが、**究極的に言**

えば、**すべて消費者ドリブンであるべき**だと思います。

　私の考えでは、まず消費者が「これを欲しい」と思う必要があります。そして、誰かが実際に対価を支払う必要があります。

　だからこそ、価値創造プロセスにおける「消費者教育」は本当に重要です。**消費者が意思表示する方法は「財布」であり、彼らが本当に実現したい社会を環境再生型農業がもたらすのであれば、その商品やサービスを購入するでしょう。**

消費者ドリブンの好例

　私たちが投資するPropagateは、森林農法のプログラムを農家向けに展開しているスタートアップです。農地での植林が新しい収益をもたらし、農家の資産価値を増加させることができます。

　私の出身の南メキシコでは、硬い材質の樹木が多く、非常に価値があります。とうもろこしの農地や家畜を所有する農家は、そうした樹木を植林することで、短期的な農業収益に長期的な林業収益を加えようとしました。

　最初の着想は、「どうすればジャングルを保全できるか」というものでした。でも結果的に、農家としては、ジャングルを保護しつつ、メキシコの主食であるとうもろこしを生産し、なおかつ土地という資産に大きな価値を追加していました。

　メキシコでのこの経験があったので、Propagateの事業はうまくいくと私は感じました。

　農家は通常、メインの農業ビジネスに再投資するので、森林農法を行うための余剰資金も、新規のプロジェクトを行うための十分な人員も、技術やノウハウも持っていません。

　当社は農家の土地を見て、独自のシステムを使用し、「どのように、どこで、何を植えるべきか」を分析し、事業計画を立てます。次に、苗木、人員、資材を持ってきて、苗木の植林をハンズオンで一緒に行います。そして、資金調達の支援もやります。

　農家は新しい収益フローを構築するだけでなく、土壌の健康を向上して浸食を防ぐことができ、農業収益にもシナジーが生まれます。

もう1つの事例として、Niumというスタートアップがありますが、グリーンアンモニア（環境負荷が少ない方法で作られたアンモニア）の製造を目指しています。

アンモニアは農業の肥料として非常に重要な成分ですが、生産する方法として、現在はハーバー・ボッシュ法が使用されています。

それは非常に高エネルギーのプロセスであり、環境負荷が高く非常に高価です。

Niumは、スタンフォード大で理論化された新しい触媒により、低温低圧でアンモニアを生成することに取り組んでいます。化学肥料の環境負荷を低下させ、従来型の農業の方法を改善することを想定してします。

肥料を使うので、完全な環境再生型農業ではないかもしれませんが、既存の従来型の農業を持続可能な方向にしていく技術は重要です。

もう1つ、私たちが投資しているEionというスタートアップがあります。ERW（Enhanced Rock Weathering、岩石風化促進法）の技術を活用して、農地の炭素固定を行っています。

農業用石灰の直接的な代替品として、粉砕されたオリビン（橄欖石）を撒き、農業用地のpH値を上げ、酸性度を下げるとともに、大気中の炭素を永久に固定し、石に変えることができます。

pHの調整は、もともとの農業プロセスにおいて農家がやらなければならない作業であり、米国の広大な農地では農業用石灰を用いて行います。

オリビンはその役割を果たしますが、それだけでなく多くの炭素を回収し、固定します。

この事業の**最大のポイントは、もともと農家がやらなければならないプロセスを変えるものであり、新たなコストを追加していないということ**です。農家はカーボンクレジットを取得でき、それを売却して新たな収益フローを追加することができます。

これらは規制ドリブンではなく、現場の実務を改善し収益力を追加するという意味で消費者ドリブンであり、良い例だと思います。

「垂直型植物工場」というトレンド

環境再生型農業に加え、トレンドとして挙げられるのは、「垂直型植物工

場」です。これは、農作物を垂直に積み重ねた層で栽培する革新的な農業手法です。ビルや倉庫、コンテナなどの建物内で行われることが多く、制御された環境下で農作物の成長を最大化することができます。

ただ、垂直型植物工場は一般的に、従来の農業と比べて非常に資本集約的なビジネスであり、資本効率が低いビジネスモデルです。

もともとアセットヘビーな農業生産という分野において、さらにアセットを増やすビジネスモデルです。つまり、固定資産を持つことを意味し、多くの固定コストがあります。

ということは、既存の農作物よりもはるかに高付加価値な作物を生産して、Capex（設備投資）のコストをカバーする必要があります。

そのうえで、「環境によって影響を受ける従来の農業における不確実性の一部あるいはすべてが解消されるビジネス」という前提を確立する必要があります。

それができれば、すべての変数を完全に制御し、完全にロボット化された農業を行うことができるでしょう。しかしながら、その前提を完全にクリアしているプレイヤーは限られます。

しかも、垂直型植物工場で生産される最終製品は、消費者がもっとお金を払おうと思うほど差別化されていないコモディティである場合も多いです。その場合、マージンは低くなり、従来型の農業に収益性で勝てません。

そして、従来型の農業の生産量が安定している場合や、過剰生産があった場合に、最終製品の価格が下がると固定コストを賄うことができません。

このように、垂直型植物工場は、企業価値創造においてよく生じる課題を抱えています。

時間の経過とともに鍵となる要因の1つは、エネルギーです。垂直型植物工場は、エネルギー関連費用が運営コストの大きな部分を占めます。エネルギーがゼロに近づけば近づくほどいい。

こうした中、**どの高付加価値商品に焦点を当てるか、また、どの場所で事業を展開するかという点がポイント**だと感じます。

中東での垂直型植物工場は、非常にうまくいくと思います。理由は単純で、広大な土地で行う従来型農業が近くにないからです。つまり、食糧安全保障の観点からも理にかなっています。

私たちが投資しているSingrowは、シンガポールで植物工場事業を行っています。

遺伝子組み換えをベースとした品種改良による高付加価値商品を展開しているのですが、シンガポールという垂直型植物工場のビジネスが成立しやすい場所を選定しました。つまり、土地が狭く、人口が密集していて、高所得者層が多く、高付加価値の食品を輸入している場所です。

プラントベース食品も課題は多い

プラントベース食品も垂直型植物工場と同様、価値創造を実現できるまでまだ課題があります。

プラントベース食品の前提は単純で、①それが代替しているものよりも安い、あるいは②代替しているものより優れている、というものです。

多くの場合、その通りになっていないことが課題です。つまり、**本当に食品業界に変革を起こそうとしている時、数倍安く商品を製造するか、または数倍美味しいか、そのいずれかが重要**となります。

最終製品を作るのではなく、原料を製造するというポジショニングを目指すケースもあります。確かに、高い価値があり、それに対して喜んでお金を払ってもらえるなら、大いに意味があると思います。

そのうえで、ポイントの1つは、**そもそも食品のマージンが小さいという問題**です。

食品は、極めて価格に敏感な業界です。私はよくこんな質問をします。「もしあなたが非常に良い原料を持っているのなら、なぜ自分たちで最終製品を作らないのですか」

通常、原料供給に軸を置いてビジネスをする場合、B2Bの卸売マージンは非常に低く、結果としてたくさんの販売量が必要です。世界にはたくさんの素晴らしい食品原料メーカーがあり、彼らはマージンを確保すべく、最終製品もうまく展開しています。

これは世界中のすべての原料メーカーで見られる特徴で、彼らは様々な商品を持っています。CPGであるならば、アイスクリームや飲料など、あらゆる種類のプロダクトが検討の対象になるでしょう。

必要なのは「少しだけ積極的になること」

　米国進出を目指す日本の食農関係の企業に私がアドバイスしたいことの1つは、創業者のうち少なくとも1人が米国に移住することです。日本から米国の事業を管理することはできません。

　おそらく米国は引き続き最も大きな市場の1つであり続けるでしょう。このことを真剣に受け止める必要があります。

　米国の消費者は、日本の消費者とは大きく異なります。日本の消費者は、特定のものが好きで、特定の方法で物事を行うことにこだわりがあるからです。それが逆に、米国の商品が日本に浸透するのが難しい理由でもあります。

　日本から米国を見た場合、異文化への適応は非常に重要です。そして、タイムゾーンも大きな違いを生むでしょう。この市場を知っているアメリカ人や現地の人々を連れてくる必要があります。そのためにも、まずは米国に移住する必要があります。

　日本には素材があります。もっと素晴らしい日本の技術、スタートアップ、起業家が米国に進出できるはずです。そうならない理由はありません。

おわりに

　本書で紹介した取り組みは、2021年4月のコロナ禍で著者の間の何気ないブレストから始まりました。そして、この取り組みに共感してくれる仲間が、外部内部共に一人また一人と増えていきました。私たちが3年近くかけて理解した米国の業界構造や商流、慣習などの情報をまとめたのが本書です。

　米国には今、在米の日系人・アジア人向けではなく、「米系のメインストリームに対して商流構築を目指すことができる」という事業環境ができています。

　それは、これまで日本食という食文化を広めてくださったたくさんの先輩方のおかげにほかなりません。日系の食品商社や食品メーカー、日系小売、そして在米の日系人コミュニティなどの皆さんが、米国における消費者の認知や日本食文化に対する理解を一生懸命築き上げてくださったわけです。

　当地で60年以上経営を続ける日系人の農家の方と対話する機会もありました。そういった方々との対話から感じるのは、第二次世界大戦後の日々を乗り越えた在米日系人の皆さんが、この土地で一生懸命に守り、広めてくださった日本食文化の魂です。

　いまや、米国で日本食を当たり前のように食べられる時代になりましたが、なぜ米国という異国の地で、日本食が今の立ち位置にいるのか。これは私たち自身、時折立ち止まり、想いを馳せたい本質的な問いです。

感謝の言葉

　読者の皆さん、本書を手にとってくださり、本当にありがとうございます。本書が、米国の食農市場への進出を目指す皆さんや、米国という市場に興味を持たれている皆さんの一助となれば幸いです。

　今回の出版に際し、たくさんの方に指導いただきました。特に、ITO EN (North America) のPresident & CEOである本庄氏の賢明なアドバイスとサポート、熱意なしには本書は実現しませんでした。文字通り右も左もわからない

私たちに、取り組みの当初からのご指導と、私たちのネットワークづくりにも多くの時間を割いていただき、心から感謝いたします。また、本書の構想段階から壁打ち・相談に時間を割いていただき、貴重なインサイトをいただいた外村氏（Food Techエバンジェリスト／投資家）の適切な助言なしには到底ゴールには到達できませんでした。この場を借りて改めてお礼申し上げます。

　加えて、インタビューの機会をいただいた皆さんに、深く御礼を申し上げたいと思います。本書を通じて、実際に米国で食農バリューチェーンを構築している皆さんの経験や知見を少しでも多くの方々に届けたい。そんな趣旨にご賛同いただき、本当にありがとうございます。

　米国での取り組みを開始してから、本当にたくさんの方とお話をさせていただいたおかげで、本書の出版があります。これまでお会いし、私たちの取り組みに賛同をいただき、貴重なお時間をいただいたすべての方に心から御礼を申し上げます。

　そして、私たちが所属する農林中央金庫の自由闊達な社風と、様々な分野で活躍する頼もしいプロフェッショナルたちの助けなしには、本書の実現はありませんでした。このような組織に所属していることを誇りに思います。

　また、奇跡的な出会いと運にも恵まれて、読者の皆様に米国の市場特性などをお伝えする機会をいただいたことに感謝すると同時に、本文中にも記載していますが、公私にわたり皆さんに“Go-Giver（与える者）”となっていただき、次は私たちが“Go-Giver”となる順番が来たのだと、強く自覚するとともにそのバトンを読者の方々に渡す番が来たのだと、身の引き締まる思いです。

　最後に、本書の出版の機会をいただきました翔泳社と、坂口玲実氏には大変お世話になりました。坂口氏との出会いも、同僚の上杉清恵さんという個人的なネットワークから生まれたものです。強く思いを一つにして、熱量があるところに仲間が集まるということを実感しています。このような運命的な諸先輩、同僚の助けを得ながら、出版の機会に恵まれました。個人名を挙げればキリがありませんが、関わらせていただいた皆様、そしていつも支えてくれる家族に心から感謝を申し上げて、結びとさせていただきます。

著者一同

付録1　米国の大手小売業者の概要[1]

会社名	本社所在地	設立年	売上規模
Walmart Inc.	アーカンソー州 ベントンビル	1962年	6,113億ドル （2023会計年度）

[展開エリア・店舗数] 米国、カナダ、メキシコなど世界中に約1万500店舗を展開（米国約4,700店舗）。

[基本情報] 世界中で展開するディスカウント小売業者。米国内でWalmart、Supercenter、Neighborhood Market、Sam's Clubを運営。国外では、プエルトリコ、カナダ、中国、メキシコ、ドイツ、イギリス、アルゼンチン、韓国で事業を展開。

[付随情報] 2022年のフォーチュン・グローバル500リストによると、世界で最も収益の大きい企業。世界最大の民間雇用主であり、約220万人の従業員を擁している。ウォルトン家による家族経営の公開企業であり、サム・ウォルトンの相続人がWalmartの50%以上を所有。2019年に米国最大の食料品小売業者となり、510億ドルの売上高のうち65%を米国事業が占める。

[M&A実績] 21回（買収15回、売却6回）

The Kroger Co.	オハイオ州シンシナティ	1883年	1,378億ドル （2022年）

[展開エリア・店舗数] 35州とコロンビア特別区に2,719店舗のスーパーマーケットを展開。

[基本情報] 米国最大規模のスーパーマーケット運営会社。米国全土で、食品および薬品の小売店、デパート、宝石店、コンビニエンスストアを様々なブランド名で運営。

[M&A実績] 15回（買収13回、売却2回）
2022年にSafewayの親会社であるAlbertsonsを買収すると発表。1998年には当時5番目に大きな食料品会社であったFred Meyerとの合併を発表し、Ralph's、QFC、Smith'sなどの子会社を含む一大小売グループを形成。

1　各社ウェブサイトをもとに筆者作成。

会社名	本社所在地	設立年	売上規模
Albertsons Companies, Inc.	アイダホ州ボイシ	1939年	719億ドル（2021年）

[展開エリア・店舗数] アラバマ州、フロリダ州、ジョージア州、ノースカロライナ州、サウスカロライナ州、テネシー州、バージニア州、ケンタッキー州など23州に店舗を展開。2023年12月時点で2,271店舗。

[基本情報] 食品と薬品の小売業者。Albertsons、Safeway、Vons、Jewel-Osco、Shaw's、Acme、Tom Thumb、Randalls、United Supermarkets、Pavilions、Star Market、Haggen、Carrs、そしてミールキット会社のPlatedを含む20の有名なブランド名で運営。

[付随情報] Cerberus Capital Managementの所有下で、成長と多角化を進めた。

[M&A実績] 2015年にSafewayとの合併を完了し、買収額は92億ドル。これにより、米国内29州で1,075店舗のスーパーマーケットを運営するようになった。

Costco Wholesale Corp.	ワシントン州イサクア	1976年	2,423億ドル（2023年度）

[展開エリア・店舗数] 世界中に874店舗を展開、うち米国が602店舗、カナダが108店舗、メキシコが40店舗（2024年2月時点）。

[基本情報] 米国、プエルトリコ、カナダ、イギリス、メキシコ、日本、オーストラリア、そして台湾と韓国では主に子会社を通じて、会員制倉庫ネットワークを運営。会員制倉庫では、選りすぐった国内ブランド製品や一部のプライベートブランド製品を、幅広い商品カテゴリで会員に低価格で提供している。大部分の商品を製造業者から直接購入し、クロスドッキングの集約地点を経由、または直接倉庫へと配送。

[付随情報] 食料品から電化製品、衣類、薬局サービスまで、多岐にわたる商品とサービスが1カ所で得られる便利さが特徴。また、高級プライベートブランドKirkland Signatureを展開している。

[M&A実績] 2回（買収2回）

会社名	本社所在地	設立年	売上規模
Whole Foods Market, Inc.	テキサス州オースティン	1980年	170億ドル (2021年)

[展開エリア・店舗数] 主に米国内に店舗を展開、カナダと英国にも店舗あり。北米で500店舗以上、英国で7店舗。

[基本情報] ナチュラルおよびオーガニック食品を専門とするスーパーマーケットチェーン。

[付随情報] Amazonに買収されてからは、オンラインショッピングやホームデリバリーサービスの拡充にも注力。環境や動物福祉に配慮した商品選定の基準を設けており、サステナブルな消費につながる商品やサービスを顧客に提供する。

[M&A実績] 13回（買収12回、売却1回）
2017年にAmazonに被買収。

会社名	本社所在地	設立年	売上規模
Sprouts Farmers Market LLC	アリゾナ州フェニックス	2002年	61億ドル (2021年)

[展開エリア・店舗数] 2021年時点で米国内23州に384店舗を展開。

[基本情報] オーガニックの果物や野菜を含む幅広い食品を提供する。

[M&A実績] 1回（買収1回）
2011年にはHenry's、Sun Harvest、SproutsがApollo Global Managementのもとで統合され、すべてSproutsとしてリブランディングされた。2012年にはSunflowerが買収され、Sproutsとしてリブランディングされた。Sproutsは2013年にNASDAQにIPOしている。

会社名	本社所在地	設立年	売上規模
H-E-B Grocery Company	テキサス州サンアントニオ	1905年	380億ドル以上 (2022年)

[展開エリア・店舗数] 主にテキサス州で展開。コーパスクリスティ、サンアントニオ、オースティン、ラレド、ヒューストンの都市圏に強いプレゼンス。米国とメキシコに420店舗以上を持つ。

[基本情報] 非公開スーパーマーケットチェーン。ベーカリー、乳製品、デリ、冷凍食品、ガソリン、一般食料品、肉、薬局、生鮮食品、海産物、スナック、おもちゃなどの食料品を中心とした小売サービスを提供。自動車、健康、燃料、チケット販売、公共料金、ライセンスなどのサービスも提供。

[M&A実績] 2018年2月にFavor Deliveryを買収。

会社名	本社所在地	設立年	売上規模
Natural Grocers	コロラド州レイクウッド	1955年	-

[展開エリア・店舗数] 主にミシシッピ川の西側の約20州にわたって約162店舗を展開。

[基本情報] ビタミン、サプリメント、自然食品や有機食品、有機野菜、天然ボディケア製品を提供しており、厳格な商品方針を採用。

[M&A実績] -

会社名	本社所在地	設立年	売上規模
Wegmans	ニューヨーク州ゲイツ	1916年	112億ドル （2020年）

[展開エリア・店舗数] デラウェア州、メリーランド州、マサチューセッツ州、ニュージャージー州、ニューヨーク州、ペンシルベニア州、バージニア州、ノースカロライナ州、およびコロンビア特別区に店舗を展開。2022年時点で109カ所。

[基本情報] 未公開のスーパーマーケットチェーン。ジョン・ウェグマンとウォルター・ウェグマンによってニューヨーク州ロチェスターで創立。米国北東エリアにおける主要なスーパーマーケットチェーンへと成長した。ベーカリー、デリカテッセン、乳製品、食料品、冷凍食品、オーガニック食品、バルク食品、肉、生鮮食品、海産物、ワイン、ビール、スピリッツ、花、ペット用品、一般商品、調理済み食品など、幅広い商品を提供。

[付随情報] 従業員に優しいポリシーで知られ、1998年以来、フォーチュン誌の「働きがいのあるベストカンパニー100」リストに毎年掲載。同社の拡張戦略は、米北東部およびそれ以外の地域に新しい店舗を開設し続けることに焦点を当てている。

[M&A実績] -

会社名	本社所在地	設立年	売上規模
Publix Super Markets, Inc	フロリダ州レイクランド	1930年	411億ドル （2021年）

[展開エリア・店舗数] 米国南東部全域（アラバマ州、フロリダ州、ジョージア州、ノースカロライナ州、サウスカロライナ州、テネシー州、バージニア州、ケンタッキー州）に1,367店舗を展開。

[基本情報] 非公開のスーパーマーケットチェーン。米国で最も働きがいのある場所として一貫してランクイン。

[M&A実績] 1回（売却1回）
2008年にAlbertsonsからフロリダ州の49店舗を買い取った。これにより同州のエスカンビア郡（ペンサコーラ周辺）への進出を果たした。

付録2　米国食農業界のM&A事例（非日系）[2]

Sysco Corp.

本拠地　テキサス州ヒューストン

企業概要　レストラン、医療・教育施設、宿泊施設など、自宅以外で食事を提供する顧客に食品を提供。食品サービス業とホスピタリティ業界のための機器や用品も提供。1969年設立。

累計M&A回数（北米のみ）　33件（買収32、売却1）

被買収者	業界	プレス日付
Edward Don & Company（DON）	FS[3]機器・用品提供	10/11/2023
シカゴに拠点を置く食品サービス機器、用品、使い捨て品の主要なディストリビューターであるEdward Don & Companyを買収。DONは米国全体のレストラン、フードサービスの顧客にサービスを提供。13万平方メートル以上の配送センターと米国の主要地域にオフィススペースを持ち、機器・用品の提供に焦点を当てた献身的で経験豊富なフィールドセールスチームを有する。Syscoの既存ビジネスを補完。		
The Coastal Companies	FSディストリビューター	12/6/2021
全米最大規模のスペシャリティプロデュース（生鮮食品流通）ビジネスを担う当社グループ会社FreshPointのミッドアトランティック地域（NY、NJ近辺）におけるプレゼンスを強化。		
Greco and Sons	FSディストリビューター	5/20/2021
イタリアンに特化した輸入・加工・物流業者。国内有数のイタリアンディストリビューターとしてのビジョンを実現すべく、Sysco傘下へ参画。		

2　累計M&A回数は筆者調べ。

3　Food Serviceの略。

US Foods Holding Corp.

本拠地　イリノイ州ローズモント

企業概要　レストラン、医療・ホスピタリティ施設、政府機関、教育機関に食品を提供。35万以上の国内ブランド商品と高品質なプライベートブランド商品を扱う。2007年設立。

累計M&A回数　24件（買収24、売却N/A）

被買収者	業界	プレス日付
Renzi Foodservice	FSディストリビューター	5/19/2023
アップステートニューヨーク地域の流通拡大を企図。Renzi Foodserviceは家族経営で、独立系レストラン、医療施設、学校、政府機関、コンビニエンスストアなど当該エリアの2,300以上の顧客にサービスを提供。		
Smart Foodservice Warehouse Stores	食品サービス	3/6/2020
Smart Foodservice Warehouse Storesは、小中規模のレストランや他の食品ビジネス顧客に幅広い商品を提供。70のキャッシュ＆キャリー店舗（レストランシェフ向けの業務用スーパー）を運営。US Foodsのマルチチャネル戦略（キャッシュアンドキャリー店舗CHEF'STORE〔写真〕の展開など）の拡大に寄与。		
SGA's Food Group of Companies	食品サービス	7/30/2018
買収により米国北西部の成長している市場でのリーチを拡大し、地域ディストリビューターとしての地位を強化。SGA's Food Group of Companiesは、独立系レストランへのサービスに強みを持つ。		

United Natural Foods, Inc. (UNFI)

本拠地　ロードアイランド州プロビデンス

企業概要　自然食品、オーガニック食品、特殊食品および関連商品（栄養補助食品、パーソナルケア商品、オーガニック生産物など）の米国独立系ディストリビューター。1976年設立。

累計M&A回数　8件（買収8、売却N/A）

被買収者	業界	プレス日付
SUPERVALU INC.	食品流通	7/26/2018
UNFIの成長戦略「ストアの構築」を加速し、商品範囲を拡大して顧客基盤を広げることを企図。自然食品と有機食品に強みを持つUNFIと、高回転商品に強いSUPERVALUを組み合わせることで、幅広い顧客層にアピールし市場での競争力を高める目的。		
Gourmet Guru	食品流通	8/11/2016
Gourmet Guruは、1996年に設立された、新鮮でオーガニックな食品を中心に取り扱うディストリビューターおよびマーチャンダイザー。新興のフレッシュおよびオーガニックブランドを見つけて育成する能力を強化し、主要な都市市場での存在感をさらに拡大。		
Nor-Cal Produce, Inc.	食品流通	3/31/2016
新鮮な農産物と有機製品の分野での成長を続けるべく、北カリフォルニア地域での事業を強化。新鮮な製品への注力を示し、既存の事業と組み合わせることで全国規模でのプレゼンスの確立を志向。		

KeHE Distributors LLC

本拠地 イリノイ州ナパービル

企業概要 北米全域のチェーンおよび独立系の食料品店、自然食品店などにナチュラル＆オーガニック、スペシャリティ＆フレッシュ製品を配送。

累計M&A回数 4件（買収3、売却1）

被買収者	業界	プレス日付
DPI Specialty Foods	食品流通	5/25/2023
DPI Specialty Foodsを買収することにより、生鮮食品のポートフォリオを拡大し、顧客対応能力を向上させることを企図。		
Monterrey Provision Company	食品流通	2/18/2016
小売食料品店の周辺部門向けの商品を配送する、カリフォルニア州サンディエゴに本拠を置くMonterrey Provision Companyを買収。この買収により、KeHEは店舗周辺部門での能力を拡大し、成長計画をさらに推進。KeHEの天然、有機、特殊製品の信頼できるディストリビューターとしてのビジョンと戦略計画を前進させる。		

Fortune Fish & Gourmet

本拠地 イリノイ州ベンセンビル

企業概要 高級レストラン、ホテル、カントリークラブ、食料品店に新鮮な
冷凍の海産物などの高級食材を流通。中西部の主要都市圏への迅速な配送を
実現する施設を運営。2001年設立。

累計M&A回数 6件（買収6、売却N/A）

被買収者	業界	プレス日付
Boston Sword & Tuna（BST）	食品流通（海産物）	3/13/2023
米国で最大級の新鮮な海産物ディストリビューターの1つであるBoston Sword & Tunaを買収することで、その商品範囲を拡大し、全国プラットフォームを強化・拡充することを企図。この買収により、高品質の海産物とグルメ製品を提供する能力が強化され、東海岸で高い評価を受けているBSTの優れた経営チームと忠実な顧客基盤を組み入れる。		
New Orleans Fish House, LLC（NOFH）	食品流通（海産物）	7/18/2022
ニューオーリンズとメキシコ湾岸諸州のトップシェフやレストランに、最高品質の海産物と特殊製品を供給するNew Orleans Fish Houseを買収。新鮮な海産物の提供範囲を拡大し、地域内での販売力を向上させるとともに、テキサス州、アラバマ州、ミシシッピ州、フロリダ州の顧客へのサービス改善を図る。		
North Bay Seafood Inc.	食品流通（海産物）	6/1/2022
ミシシッピ州に本拠を置くNorth Bay Seafood Inc.の買収を通じて、湾岸地域での運営を拡大し、地域内の大規模小売顧客に対するプレゼンスを高めることを企図。North Bayは新鮮な牡蠣と冷凍海産物製品のディストリビューター。1986年に創業され、地域の小売顧客や大手食品サービスチェーンに対する一流の海産物提供者に成長。この買収により、ミシシッピ州全体およびアーカンソー州の一部でのリーチを拡大し、アラバマ州のNorth Bayの既存顧客へのサービス拡大を狙う。		
D'Artagnan, Inc.	食品流通（肉類、有機鶏肉、ジビエ肉、フォアグラ、キノコ、トリュフ）	3/31/2022
35年以上にわたり持続可能な「ファーム・トゥ・テーブル」運動を牽引し、米国で最も著名なレストランや小売業者に自由放牧の肉、有機鶏肉、ジビエ肉、フォアグラ、キノコ、トリュフを供給してきたD'Artagnanを買収。この買収により、Fortuneは地理的に拡大し、新たな小売業者との関係を築くとともに、D'Artagnanが運営する急成長中のEコマースビジネスを通じて消費者に新しい商品を提供する機会を獲得。		

Gordon Food Service, Inc.

本拠地 ミシガン州

企業概要 医療機関や教育機関、独立系およびチェーンのレストラン、イベントプランナーなどに食品を提供するフードサービス会社。

累計M&A回数 3件（買収3、売却N/A）

被買収者	業界	プレス日付
Macgregors Meat & Seafood Ltd.	食品流通	2/11/2022

カナダの主要な食品サービス、小売、プライベートブランドの顧客にサービスを提供するMacgregors Meat & Seafood Ltd.の買収により、新しい食品カテゴリと新しい小売業者を通じて顧客向けの商品提供を多様化。

The Chefs' Warehouse

本拠地 コネティカット州リッジフィールド

企業概要 独立系レストラン、高級飲食店、カントリークラブ、ホテル、ケータリングサービス、料理学校、専門食品店などに食品を提供するフードサービス会社。1985年設立。

累計M&A回数（米国のみ） 18件（買収18、売却N/A）

被買収者	業界	プレス日付
Hardie's Fresh Foods	食品配送	5/1/2023

「世界中の最高のシェフに世界最高の食材を配布すること」を目指し、Hardie's Fresh Foodsの買収を通じてカテゴリと地域の拡大を推進。この買収により、生鮮食品カテゴリでの国内の地位を強化し、テキサス市場の主要都市でのプレゼンスの拡大を企図。

| Capital Seaboard | スペシャリティフーズ配送 | 12/28/2023 |

北米におけるスペシャリティフーズの有力配送業者として、メリーランド州ジェサップに拠点を置くCGC Holdings（Capital Seaboard）の資産の大部分を買収。Capital Seaboardは、設立以来ミッドアトランティック地域に最高級の生鮮食品とシーフードを提供。

Aramark

本拠地 ペンシルベニア州フィラデルフィア

企業概要 食品サービス、施設管理、ユニフォームなどを医療機関、大学などの教育機関、スタジアムやアリーナ、企業、政府部門や機関に提供。1959年設立。

累計M&A回数（米国のみ） 14件（買収10、売却4）

被買収者	業界	プレス日付
Forever Resorts	ホスピタリティ／観光	4/14/2022
Forever Resortsの物件の取得により、北米における自社のポジションを大幅に強化。		
Next Level Hospitality	食品、施設管理、制服	4/29/2021
高齢者住宅セクター、特に高度看護施設およびリハビリテーション施設に特化した、料理と環境サービスを提供するNext Level Hospitalityを買収することで、成長している高齢者住宅セクターへのプレゼンスを拡大。		
Good Uncle	食品、施設管理、制服	8/6/2019
大学キャンパス周辺の便利な場所で、新鮮な食事を提供する革新的なアプリベースのオンデマンドフードデリバリーサービスであるGood Uncleを買収。Good Uncle は、独自のブランドアイデンティティを保持しながら独立して運営されている。この買収により、Aramarkのキャンパスダイニングにおける業界リーダーとしての地位を補完。		

Sodexo

本拠地 フランス（米国にも事業展開）

企業概要 1966年に設立され、食品サービス、施設管理、ユニフォームなどのソリューションを提供。

累計M&A回数（米国のみ） 11件（買収9、売却2）

被買収者	業界	プレス日付
Frontline Food Services（商標名：Accent Food Services）	食品・施設管理サービス	1/10/2022
北米において急成長しているコンビニエンス市場で、重要なプレイヤーであるFrontline Food Servicesを買収。この買収により、Sodexoはクリック・アンド・コレクト、テイクアウト、デリバリー、スマート自動販売機を含む消費者の多様なニーズに直接対応する施設管理サービスを補完。		
Nourish Inc.	食品サービス	2/1/2021
パンデミックによるリモートワークの普及を受けて、従業員がどこからでも健康的な食事を楽しめるように、Nourish Inc.の買収を通じて新しい食事ソリューションを開発。ニューヨーク、ロサンゼルス、サンフランシスコ、ワシントンDCなど、都市市場におけるSodexoのプレゼンスと配送網を強化することを企図。		

付録3　食品業界におけるプライベート
エクイティ取引事例（被買収企業別で記載）

被買収企業　Fortune Fish & Gourmet

企業概要　高級レストラン、ホテル、カントリークラブ、食料品店に冷凍の海産物などの高級食材を流通。中西部の主要都市圏への迅速な配送を実現する施設を運営。2001年設立。

PE名（買収者）	取引種類	プレス日付
Investcorp International, Inc.	資本再編	2/12/2020

Investcorpは、シーフードとグルメ食品の専門ディストリビューターであるFortune Fishのリキャピタライゼーションを完了。この取引により、Fortuneは中西部の主要都市圏への拡大をさらに加速させている。Fortuneは、1万2,000以上のSKUを提供し、中西部の高級レストラン、食料品店、ホテルなどに新鮮なシーフード、冷凍シーフード、グルメ食品を提供。

被買収企業　Discovery Foods Holding Corp.

企業概要（買収当時）　ブランドおよびプライベートブランドの冷凍食品を加工・配布する企業。Tai Peiブランドの下で販売されるアジアンテイストの冷凍食品、およびプライベートブランドの野菜と果物を含む商品ラインを持つ。大手小売業者やコンベンショナル系食料品小売業者を含む幅広い顧客に商品を販売。（参考：2011年にWindsor Quality Foodが買収し、その後味の素社がWindsor Quality Foodを買収）

PE名（買収者）	取引種類	プレス日付
FFL Partners	バイアウト	8/1/2006（買収）

FFLは2006年8月にVIP Sales Holding Corp.を買収し、同年10月には、Ling Lingブランドの冷凍アジアン前菜を製造・販売するリーディングブランドであるDiscoveryを買収。ディストリビューションチャネルには、クラブストア、大規模小売業者、コンベンショナル系食料品小売業者、自然食品店がある。

被買収企業 Hana Group

企業概要（買収当時） スーパーの店舗販売および交通利便性の高いエリアにおける店内フードキオスクのグローバルオペレーター。消費者の前でシェフによって調理される新鮮な持ち帰り食品を提供し、店内エンターテイメントと革新的な商品コンセプトを提供。寿司キオスクに始まり、アジア系フード、イタリアン、地中海料理などのコンセプトを含む14のブランドポートフォリオで運営。

PE名（買収者）	取引種類	プレス日付
Permira	セカンダリーバイアウト（PEからのバイアウト）	1/31/2019

成長市場においてユニークな位置づけを持つHana Groupは、新たな地域、チャネル、クライアントへの拡大に最適なプラットフォームを持っており、今後の成長の機会の広がりに期待。健康的でありながら手軽な食事を求める消費者の需要が高まっている中、グローバルな寿司の需要も増加。Hana Groupは、これらのトレンドに対応しており、12の市場にわたる1,300以上の販売ポイントで店内シェフが新鮮な寿司を調理。

被買収企業 Gelson's Markets

企業概要（買収当時） 南カリフォルニアに27のフルサービス特殊食料品店を運営。従来のスーパーマーケットの完全な設備と地域のマーケットの地元色を兼ね備えている。2021年にPan Pacific International Holdings（PPIH）が買収。

PE名（買収者）	取引種類	プレス日付
TPG	バイアウト	2/4/2014（買収）

Gelson'sは、南カリフォルニアのスーパーマーケットチェーンで、従来の食料品の広範な商品ラインナップに加え、高品質な生鮮食品や調理済み食品を顧客に提供。
なお、PPIHによるGelson'sの買収は、食品カテゴリと小売業者向けの顧客提供の多様化と拡張が目的。この取引により、Gelson'sはPPIHのスペシャリティカンパニーとして運営する。PPIHは、高品質な商品、清潔さ、利便性、個人的なサービスを求める顧客に満足を提供することに注力し、カリフォルニア州でのプレゼンス拡大を志向。

付録4　CPGスタートアップに投資するVC[4]

VC名	代表的な投資事例
N Plus One Ventures	Omsom

2020年に設立されたN Plus One Venturesは、ニューヨーク州ニューヨークに拠点を置く投資およびアドバイザリー会社。食品、飲料、オンライン教育、仮想通貨、スキンケアなどのセクターで事業を展開する企業へ投資。

Omsom　アジア料理をどの家庭のキッチンでも調理できるようにするための小売プラットフォームを運営。同社のフレーバーキットには、様々なアジア料理の基礎となる成分、特製ソース、香辛料、調味料が含まれており、オンラインで購入し、伝統的なアジア料理を調理することが可能（第4章インタビュー参照）。

Consumer Ventures	Yishi Foods、Omsom

2017年に設立されたイリノイ州ヒンズデールに本社を置くベンチャーキャピタル。食品、飲料、健康、ウェルネス、パーソナルケア、スポーツ用品、小売、電子商取引、アパレル、子供製品、ペット製品、家庭用品、小売業者、テクノロジー分野への投資を志向。

Yishi Foods　忙しいビジネスパーソンの栄養とウェルネスのニーズに応える朝食食品を製造している会社。オーガニックで植物ベース、天然素材、無添加でグルテンフリーのオートミールを提供している。これにより、消費者は便利で美味しい商品を通じて、自身のウェルネス目標を達成できる（第8章に事例掲載）。

Gold House Ventures	Fly By Jing、immi、MiLà、Omsom、Sanzo、Umamicart、Weee!

2017年設立。カリフォルニア州ロサンゼルスに拠点を置くVC兼アジア人起業家向けコミュニティハブ。主要投資セクターは、B2B、B2C、金融サービス、ヘルスケア、SaaS、ブロックチェーン。テクノロジー分野で事業展開するアジア人および太平洋諸島出身の企業に投資する。

Fly By Jing　中華料理に焦点を当てたホットソースの製造業者。四川風チリクリスプホットソースをはじめとする風味豊かなソース、スパイスミックス、餃子、その他の商品を提供。伝統的な中国のストリートスナックに、職人的なアプローチと現代的なアレンジを加えている。

4　各VCウェブサイトなどの公開情報をもとに筆者作成。

VC名	代表的な投資事例
Gold House Ventures	Fly By Jing、immi、MìLà、Omsom、Sanzo、Umamicart、Weee!

immi　低炭水化物・高タンパク質のインスタントラーメンを提供することを目的とした食品製造業者。アジアンアメリカンの食品を、罪悪感のない低塩分、植物ベース、ケトジェニック（炭水化物摂取を抑える食事法）に対応した、より良質な原料と繊細な味わいで一新して提供。栄養豊富で美味しい即席食品の代替品としてのラーメンを提供。

MìLà (XCJ)　中華料理を提供することを目的とした食品配達プラットフォームの運営者。包（バオ）、餃子、本格的なソースなど、現代の料理技術を用いた伝統的な中華料理を提供。オンライン注文と自宅への配達が可能。

New Fare Partners	Bachan's、Omsom

ニューヨークに拠点を置く食品および飲料セクターのVC。

Bachan's　保存料や香料を使用しない伝統的なバーベキューソースを提供する。同社のソースはみりん、日本製の非遺伝子組み換え醤油、有機生姜、にんにく、青ねぎを使用。肉、魚、野菜、ご飯にかけても、ソーセージやフライのディップとしても使用でき、うま味が詰まった本格的な日本のバーベキューソースの味を提供。

Sonoma Brands Capital	Bachan's、Guayakí

2015年設立。カリフォルニア州ソノマに拠点を置くグロースPEファンド。主要投資セクターは、食品、飲料、美容、個人ケア、ウェルネス、ペット、ホーム＆ライフスタイル、消費者サービス部門。

Guayakí　市場をリードするイェルバマテ（マテ茶）ブランド。アルゼンチン、パラグアイ、およびブラジル南部に固有の熱帯雨林のホーリーツリーの自然なカフェインを含む栄養豊富な葉から作られるオーガニック製品。1996年に設立され、美味しい飲料を提供するとともに、地球に良い影響を与えるミッションを持つ。20万エーカーの熱帯雨林の復元を目標としている。

Imaginary Ventures	Foxtrot、MìLà、Simulate

2017年設立。ニューヨークに拠点を置くVC。主要投資セクターは、小売、食品・飲料、美容、マーケットプレイス、テクノロジー分野。

Foxtrot　2014年設立。シカゴ拠点。近隣の小売業者からの商品を提供する実店舗と、アプリベースの配送プラットフォームを運営。

Hyphen Capital	Sanzo、Bokksu、Pod Foods、MìLà

2020年に設立され、カリフォルニア州サンフランシスコに拠点を置くエンジェル投資家のネットワーク。アジア系アメリカ人が設立した企業への投資を目指す。

付録5　再生農業関連の注目ニュース

日付	見出し
10/17/2023	General Mills、Walmartが再生可能農業を加速[5]

General Mills は Walmart および Sam's Club と協力し、2030年までに米国内で60万エーカーの土地で再生可能農業の採用を促進することを発表。この土地は、General Mills が主要製品の原材料を調達する土地の約半分に相当する。米国魚類野生生物財団（NFWF、National Fish and Wildlife Foundation）の助成金により、北部および南部グレートプレーンズでの初期プロジェクトを支援し、特に小麦の再生可能農業を推進。NFWF は教育やコーチングのリソースを提供し、土壌の健康や生物多様性の向上、気候変動対策、農家の経済的レジリエンスの強化を目指す。対象地域はノースダコタ州、サウスダコタ州、ネブラスカ州、カンザス州、オクラホマ州、コロラド州、ミネソタ州の7州。General Mills は2030年までに再生可能農業の採用を100万エーカーに拡大する目標を掲げ、Walmart は5,000万エーカーの土地を持続可能に管理する目標に向かう。
https://corporate.walmart.com/news/2023/10/17/general-mills-and-walmart-join-forces-to-advance-regenerative-agriculture-across-600000-acres-by-2030

日付	見出し
10/23/2023	USDA、農業および林業の炭素市場における役割に関する評価を発表

USDA（米国農務省）は、「米国の炭素市場における農業および林業の役割に関する一般的評価」を発表。現在の市場活動、参加の障壁、農家と森林地所有者が炭素市場へのアクセスを改善するための機会を包括的に分析した。これは2023会計年度の連邦歳出法の一部として成立した気候変動対策法（GCSA）のもとでの最初の成果物。炭素市場はネットゼロ排出達成のための有望な手段で、農家や牧場主、森林地所有者は炭素クレジットを生成し、販売を通じて新しい収入機会を得ることができる。報告書は農業の参加障壁、特に高い取引コストを指摘。USDA は信頼性のある炭素市場の促進を検討し、今年初めに3億ドルの投資を発表。USDA は公平な市場の確保、食品アクセスの確保、新しい市場と収入の流れの構築に取り組む。
https://www.morningagclips.com/usda-releases-assessment-on-agriculture-and-forestry-in-carbon-markets/

5　シリアル製品などを取り扱う世界的大手食品メーカー。

日付	見出し
10/25/2023	ウィスコンシン州の研究チームが農家のアグロフォレストリー採用を支援

ミシガン州、オハイオ州、ウィスコンシン州の研究者と専門家が、地域の中小規模農場のアグロフォレストリー実践と市場利用を支援するためにUSDAと米国魚類野生生物財団（NFWF）から助成金を受けた。プロジェクトはミシガン州立大学のエミリー・ハフ博士が主導。アグロフォレストリーは作物と家畜生産システムに樹木と低木を統合し、土壌の健康、水質の向上、侵食の減少、生物多様性の増加など多様なメリットを提供する。農家が収入を多様化し、気候変動に対して強靭になることを助ける。各州の農家林地所有者がスタディグループに集まり、農業システム内の樹木と森林の革新的な利用法を見つけることを促す。アグロフォレストリーの実演農場を開発し、影響を評価する。プロジェクトは2023年夏から2028年末まで継続。初年度のマイルストーンには、農家の募集と実演農場の研究プロトコルの開発が含まれる。
http://www.wisconsinagconnection.com/story-state.php?Id=950&yr=2023

| 11/02/2023 | Bartlett、Campbell Soupが小麦の持続可能性をサポート |

BartlettがCampbell Soupと持続可能性プロジェクトを開始。ノースカロライナ州の1万エーカーの農地で、ソフトレッドウィンター小麦の生産者に技術的および財政的支援を提供し、土壌の健康と保全を改善する。Bartlettの製粉所に小麦を供給し、シャーロットのベーカリーでLance Crackersを製造するための小麦粉をCampbellのスナック部門に供給。カバークロップの追加、耕作の削減、栄養素測定計画の実施などを通じて、温室効果ガスの排出削減を目指す。認定作物アドバイザーが最良の慣行を決定し、デジタルツールと測定基準を用いて進捗状況を追跡する。
https://www.world-grain.com/articles/19227-bartlett-campbell-soup-support-wheat-sustainability

| 11/15/2023 | MIT、微生物が化学肥料の必要性を減らすのに役立つかもしれないと研究発表 |

MITの化学工学者が、窒素固定バクテリアを熱や湿度から保護する金属有機コーティングを考案。これにより、農家が微生物を肥料として使用することが容易になる。化学肥料生産は温室効果ガス排出の1.5％を占めるが、バクテリアへの置換でカーボン・フットプリント削減を目指す。バクテリアは植物に栄養を提供し、土壌を再生し、害虫からも保護する。しかし、熱や湿度に敏感なため、大規模利用が難しい。新コーティングにより、微生物は50度の熱や凍結乾燥に耐えられるようになるため、乾燥粉末化と低コスト配布が可能に。農家にとって新たな収入源となる。
https://news.mit.edu/2023/microbes-could-reduce-need-for-chemical-fertilizers-1115

日付	見出し
11/15/2023	USDA、新規農家と牧場主を支援するために約2,800万ドルを投資

USDAのソチル・トーレス・スモール副長官が、新規農家と牧場主を教育・訓練するために2,700万9,000ドルの投資を発表。この投資は、退役軍人が農業ビジネスを始めるプログラムを含み、国立食品農業研究所（NIFA、National Institute of Food and Agriculture）の「新人農家及び牧場主開発プログラム（BFRDP）」の一環で行われる。資本管理、土地の取得と管理、ビジネスと農業実践の学習など、幅広いプログラムを提供。米国の農家の平均年齢が上がる中、USDAは退役軍人を含む新しい農家と牧場主へのサポートを強化する。USDA全国農業統計局のデータによると、340万人の農家のうち3分の1が65歳以上で、新しい世代の農家と牧場主を確保することは農業生産の継続に不可欠。新人農家と牧場主には、独自の教育や訓練、技術支援が必要であり、資本や土地、収益性、持続可能性を確保するための知識を得ることが重要である。
https://www.usda.gov/media/press-releases/2023/11/15/usda-invests-nearly-28m-support-beginning-farmers-and-ranchers

| 12/14/2023 | テキサスA&M大学の研究チーム、バイオチャーが土壌の健康を向上させると発表 |

バイオチャー（バイオ炭）は、園芸生産における有望な土壌改良剤。テキサスA&M大学の研究によると、バイオチャーが土壌健康の向上に貢献する可能性が示されている。アミット・ディングラ博士が率いる研究で、バイオチャーが土壌微生物群と植物の根との相互作用を改善し、有益な微生物のスペクトルを向上させることが判明。バイオチャーは、多孔性で炭素が豊富なため、水分と栄養素の交換を向上させ、土壌酸性化を食い止めるのに寄与する。バイオチャーは、土壌肥沃度と微生物多様性の向上、および長期的な炭素隔離戦略として有望。
https://agrilifetoday.tamu.edu/2023/12/14/soil-health-enhancement-biochar/

| 1/29/2024 | Kroger、新たな生鮮食品サプライヤー目標を設定 |

Krogerは、2028年または2030年までにすべての生鮮食品サプライヤーに統合的害虫管理（IPM、Integrated Pest Management）を義務づける新たな目標を設定。これにより受粉者の保護と持続可能な供給チェーンの構築を目指す。現在サプライヤーに要求している認証リストに加え、新たな目標を導入。IPMは環境に配慮した害虫管理アプローチであり、リスクを抑えつつ害虫被害を抑える。Krogerの持続可能性責任者リサ・ズワックは、新しい目標が持続可能な生鮮食品生産への移行を促すとコメント。KrogerはSustainable Food Groupと協力し、目標の開発とコンプライアンスロードマップを作成。生鮮食品サプライヤーがIPMを採用することで、生物多様性と農業生態系を支援する。他の食品小売業者も受粉者保護の取り組みを強化している。
https://www.grocerydive.com/news/kroger-produce-supplier-sustainability-integrated-pest-management/705808/

付録6　州別の農業生産額と支持政党[6]

順位	州	農業生産額 （百万ドル）	全米に占める割合 （%）	政党 （2020大統領選挙時）
1	カリフォルニア	64,678	10.8	Blue
2	アイオワ	47,352	7.9	Swing
3	テキサス	36,835	6.2	Swing
4	ネブラスカ	31,702	5.3	Red
5	イリノイ	30,106	5.0	Blue
6	ミネソタ	28,775	4.8	Swing
7	カンザス	25,199	4.2	Red
8	インディアナ	18,998	3.2	Red
9	ノースカロライナ	18,767	3.1	Swing
10	ウィスコンシン	18,077	3.0	Swing
11	ミズーリ	16,398	2.7	Red
12	オハイオ	16,391	2.7	Swing
13	サウスダコタ	16,163	2.7	Red
14	ノースダコタ	14,916	2.5	Red
15	アーカンソー	14,508	2.4	Red
16	ジョージア	14,288	2.4	Swing
17	ワシントン	13,994	2.3	Blue
18	ミシガン	12,998	2.2	Swing
19	アイダホ	12,263	2.0	Red
20	ペンシルベニア	11,451	1.9	Swing
21	コロラド	10,652	1.8	Blue
22	フロリダ	10,642	1.8	Swing
23	オクラホマ	10,014	1.7	Red

6　USDA発表の州別農業生産額（2022）および2020年大統領選挙結果などをもとに筆者作成。

順位	州	農業生産額 (百万ドル)	全米に占める割合 (%)	政党 (2020大統領選挙時)
24	ケンタッキー	9,878	1.7	Red
25	アラバマ	9,256	1.5	Red
26	ニューヨーク	8,916	1.5	Blue
27	ミシシッピ	8,346	1.4	Red
28	オレゴン	7,386	1.2	Blue
29	バージニア	6,457	1.1	Blue
30	モンタナ	6,220	1.0	Red
31	アリゾナ	6,035	1.0	Swing
32	テネシー	5,984	1.0	Red
33	ルイジアナ	4,675	0.8	Red
34	ニューメキシコ	4,344	0.7	Blue
35	サウスカロライナ	3,967	0.7	Red
36	メリーランド	3,888	0.6	Blue
37	ユタ	3,073	0.5	Red
38	ワイオミング	2,432	0.4	Red
39	デラウェア	2,209	0.4	Blue
40	ニュージャージー	2,010	0.3	Blue
41	ネバダ	1,245	0.2	Swing
42	バーモント	1,241	0.2	Blue
43	ウェストバージニア	1,206	0.2	Red
44	メーン	1,148	0.2	Blue
45	コネティカット	1,054	0.2	Blue
46	マサチューセッツ	863	0.1	Blue
47	ハワイ	851	0.1	Blue
48	ニューハンプシャー	421	0.1	Swing
49	ロードアイランド	118	0.0	Blue
50	アラスカ	72	0.0	Red
合計		598,462	100	

付録7　イノベーティブフードの分野で調達額の大きいスタートアップ企業[7]

企業名	国	ラウンド	調達額
Upside Foods	米国	シリーズC	4億ドル
動物を屠殺せずに本物の肉、家禽、魚介類を生産する企業を支援することを目的とした培養肉会社の運営者。同社の製品は、動物ではなく動物の細胞を養殖する家禽技術から作られた本物の肉で、消費者に健康的で持続可能な食品を提供。			
Meati	米国	シリーズC	1.5億ドル
植物ベースの肉製品を開発し、消費者に健康的な肉の代替品を提供。植物性タンパク質を使用して革新的な植物ベースの肉製品の開発と研究に特化している。ビーガンの消費者のための新たな選択肢を提供。			
Redefine Meat	イスラエル	シリーズB	1.35億ドル
牛肉やその他の高級肉製品の食感、風味、食体験を再現することを目的とした植物ベースの肉の生産者。植物ベースの成分、独自のモデリング、および産業規模の3D食品プリンターを利用し、ミートディストリビューター、レストラン、小売業者に対して、効率的かつ持続可能で倫理的な製品を提供。			
Remilk	イスラエル	シリーズB	1.2億ドル
動物不使用の乳製品を生産する企業。精密発酵技術を使用して、伝統的な牛由来のものと同一の乳タンパク質を作り出し、伝統的な乳製品の栄養価を維持しながら、ラクトース、コレステロール、ホルモン、抗生物質を含まない乳製品の生産を可能にする。環境への影響を大幅に削減しつつ、生産効率を高め、工業規模でコスト効率の良い本物の乳製品代替品を提供。			
Athletic Greens	米国	レイター	1.15億ドル
充実した生活をインスピレーションすることを目的とした健康補助食品の生産者兼小売業者。ビーガン、ペイルオ（ペイルオダイエット、石器時代の食生活に基づいた食事法）、ケトフレンドリー（糖質制限食事法）のサプリメントを提供。ビタミン、ミネラル、ハーブ、抗酸化物質、プレバイオティクス、消化酵素が含まれていて、ストレスや睡眠不足を軽減し、消費者の食事管理を支援。			

7　"AgFunder Global AgriFoodTech Investment Report 2023" をもとに筆者作成。

企業名	国	ラウンド	調達額
Next Gen Foods	シンガポール	シリーズA	1億ドル
栄養豊富な植物ベースの食品を生産。エンドウタンパクなどの自然由来の植物成分を使用。			
Starfield Food & Science Technology	中国	シリーズB	1億ドル
植物ベースの肉と乳製品を提供。			
Wildtype	米国	シリーズB	1億ドル
持続可能なシーフードを作り出すことを目的とした細胞農業の会社。水銀、マイクロプラスチック、抗生物質、農薬などの一般的な汚染物質は含まれていない一方で、野生魚と同じ栄養成分を提供。			
Myco Technology	米国	レイター	8,500万ドル
食品の栄養特性を改善することを目的とした食品技術会社。味、価値、および栄養特性を改善するために、グルメ菌類[8]と菌糸発酵を使用した新しい食品加工プラットフォームを開発。食品生産者は、健康的な成分を商品に取り入れることが可能に。			
Planted Foods	スイス	デット	7,130万ドル
植物ベースの肉製品を生産することで、動物性タンパク質の消費を減らし健康を維持することを目的とした生産者。同社の肉は、動物の肉のような味と感触を持ち、主にエンドウタンパク、エンドウファイバー、ひまわり油、水など、自然由来の植物成分から生産。グルテンフリー、非遺伝子組み換え、ビーガン製品で、低脂肪・低カロリーかつ化学添加物不使用のオーガニックで健康的な肉の代替品を提供。			

8　シイタケやマツタケ、トリュフなど食用に適した高品質なキノコの総称。

用語集

CAC	顧客獲得費用。Customer Acquisition Costの略。
COGS	売上原価。Cost of Goods Soldの略。
CPG	消費財。Consumer Packaged Goodsの略。
CVC	事業会社が社外のベンチャーに対して行う投資活動を指し、事業会社とベンチャーの連携方法の1つ。Corporate Venture Capitalの略。
DC	物流拠点・倉庫。Distribution Centerの略。
DTC	メーカーが消費者に直接販売する手法。Direct to Consumerの略。D2Cとも呼ばれる。
FDA	米国食品医薬品局。Food and Drug Administrationの略。食品や医薬品、化粧品などの製品の安全性や有効性を確保する政府機関。
FSMA	米国食品安全強化法。Food Safety Modernization Actの略。米国で製造・流通する食品の安全性を確保することを目的とした法律。
IMO	統合管理オフィス。Integration Management Officeの略。
IRR	内部収益率。Internal Rate of Returnの略。投資の意思決定を行う際の判断基準の1つ。投資によって得る将来キャッシュフローの現在価値と、投資額の将来価値とが釣り合うような割引率を指す。
LOI	基本合意書。Letter of Intentの略。M&A取引の諸条件を最終的に確定する契約書の締結に先立って、その協議・交渉の過程の途中段階において締結する合意書のこと。
LTV	顧客から得られる長期的価値。Lifetime Valueの略。
MOIC	投資資本倍率。Multiple of Invested Capitalの略。投資の収益性を図る指標の1つ。時間軸にかかわらず投資に対する運用期間中の総利益の倍率を表す。
NDA	秘密保持契約。Non-Disclosure Agreementの略。
PMF	製品（product）、市場（market）、適合（fit）の頭文字をとった言葉で、顧客を満足させるために最適なプロダクトを、最適な市場に提供できている状態を示す。
PMI	合併や買収のM&A後の統合プロセスを計画し、実行すること。Post Merger Integrationの略。
Prop 65	米国カリフォルニア州の法律で、発がん性や生殖毒性のある化学物質に消費者がさらされないようにするための法律。「プロポジション65」の略称。米国ではカリフォルニア州の規制が特に厳しい。
ROAS	広告宣伝費1単位あたりの広告宣伝による利益。Return on Ad Spendの略。
SID	低酸性食品・酸性化食品製造者に義務付けられている各工程登録番号。Submission Identifierの略。
SKU	受発注・在庫管理を行う際の最小の管理単位。Stock Keeping Unitの略。
SRP	想定小売価格。Suggested Retail Priceの略。

USDA	米国農務省。United States Department of Agricultureの略。日本の農林水産省に相当する米国政府機関。
アウトソースセールス	セールスレップやブローカーなど、サプライヤーに対してセールス機能を提供する外部リソース。
オープンレビュー	小売店が新規商品検討のタイミングに制約を設けず、柔軟なスケジュールで取扱商品を検討すること。
カテゴリーレビュー	チェーンの小売店でカテゴリごとに行われる取扱商品の見直し作業。新規商品の採用タイミングはカテゴリごとに年1回であることが多い。
キーアカウント	ディストリビューターのDCを使えるようにする影響力を持つ販路を指す。アンカーアカウントとも呼ばれる。
キックアウト	取扱停止。
コミッションフィー	売上高等に対する割合で支払う報酬。
スロットフィー／スロッティングフィー	いわゆる棚台。小売店に新規商品が採用される際に、サプライヤーが支払いを求められる費用。
セールスレップ	ブローカーと似ているが、よりサプライヤーに寄り添った機能を提供するタイプの外部セールス。
セットアップコスト	ディストリビューターが新規商品を採用する際に、商品登録料や倉庫使用料としてサプライヤーから徴収するコスト。
ディスコンティニュー(discontinue)	小売店で商品の取り扱いが停止されること。
ディストリビューター	サプライヤーから商品を購入し、小売店や最終消費者に再販売する仲介業者。再販売までの在庫管理、輸送、保管等も担う。
ディスプレイ	マーチャンダイジングとも呼ばれ、店内の商品がきれいに並んで消費者の目に留まりやすい状態になっていること。
ディダクション(deduction)	ディストリビューターに対する売上から費用が控除 (deduct) されること。
デモ	インストアデモと呼ばれる店内での販促活動。小売店に商品導入後、回転率を向上させるために消費者対面で調理済みの商品を配布するなどが例として挙げられる。
フリーフィル	スロッティングフィーの一種。小売店に新規商品導入時に「1店舗1 SKUごとに1ケース」などを無料で提供すること。
ブローカー	サプライヤーの立場で販路（小売店やフードサービス）に営業活動を行う外部セールス業者。米国独特の商習慣。
プロモーション	販促活動。値引きや、小売店内で目立つ場所への展示、フライヤーへの掲載などが例として挙げられる。
ベロシティ(velocity)	売上回転速度。
リテーナーフィー	固定の金額で支払う月額報酬。

本書内容に関するお問い合わせについて

このたびは翔泳社の書籍をお買い上げいただき、誠にありがとうございます。弊社では、読者の皆様からのお問い合わせに適切に対応させていただくため、以下のガイドラインへのご協力をお願いいたしております。下記項目をお読みいただき、手順に従ってお問い合わせください。

■ ご質問される前に
弊社Webサイトの「正誤表」をご参照ください。これまでに判明した正誤や追加情報を掲載しています。

正誤表 https://www.shoeisha.co.jp/book/errata/

■ ご質問方法
弊社Webサイトの「書籍に関するお問い合わせ」をご利用ください。

書籍に関するお問い合わせ
https://www.shoeisha.co.jp/book/qa/

インターネットをご利用でない場合は、FAXまたは郵便にて、下記"翔泳社 愛読者サービスセンター"までお問い合わせください。電話でのご質問は、お受けしておりません。

■ 回答について
回答は、ご質問いただいた手段によってご返事申し上げます。ご質問の内容によっては、回答に数日ないしはそれ以上の期間を要する場合があります。

■ ご質問に際してのご注意
本書の対象を超えるもの、記述個所を特定されないもの、また読者固有の環境に起因するご質問等にはお答えできませんので、予めご了承ください。

■ 郵便物送付先およびFAX番号
送付先住所　〒160-0006 東京都新宿区舟町5
FAX番号　　03-5362-3818
宛先　　　　（株）翔泳社 愛読者サービスセンター

※ 本書に記載されたURL等は予告なく変更される場合があります。
※ 本書の出版にあたっては正確な記述につとめましたが、著者や出版社などのいずれも、本書の内容に対してなんらかの保証をするものではなく、内容やサンプルに基づくいかなる運用結果に関してもいっさいの責任を負いません。
※ 本書に記載されている会社名、製品名はそれぞれ各社の商標および登録商標です。
※ 本書の内容は2024年10月現在の情報等に基づいています。

[著者紹介]

石塚弘記（いしづか ひろき）

2001年に大学卒業後、外資系戦略コンサルティングファームを経て2007年に農林中央金庫に入庫。本店および支店で主に法人融資業務に従事。2020年よりニューヨーク支店で法人融資に注力する傍ら、日系食農関連企業による「米国メインストリームへのバリューチェーン構築に向けたプロジェクト」を著者3名で協同して企画・推進している。

關 優作（せき ゆうさく）

2011年に米大学卒業後、農林中央金庫に入庫。2017年より米ニューヨーク支店にて主に法人融資に従事する傍ら、2021年より「米国食農バリューチェーン構築プロジェクト」を著者3名で企画・推進。米国食農市場を構成する多様な企業・団体との人脈形成を行い、在米日系食農関連企業の業務推進等を支援。2024年の帰任後、食農関連PEファンド投資を担いつつ、ファンドポートフォリオ企業と日系食農関連企業等における事業連携の創出に注力している。

田中 健太郎（たなか けんたろう）

2013年に大学卒業後、農林中央金庫に入庫。本店での法人融資、子会社での投資信託の組成・営業に従事。2020年よりニューヨーク支店で法人融資を担当する傍ら、日系食農関連企業に対する「米国メインストリームへのバリューチェーン構築に向けたプロジェクト」を著者3名で協同して企画・推進している。

※本書籍は著者個人の時間を利用して執筆したものであり、記載した内容についての責任は著者が有します。そのため、内容は著者個人の見解に基づくものであり、著者が所属する組織の公式見解を示すものではありません。

著者連絡先　japan.foodagri@gmail.com

ブックデザイン	沢田幸平（happeace）
編集協力	元永知宏
DTP	株式会社 シンクス

日本企業が成功するための
米国食農ビジネスのすべて
商流の構築からブランディングまで

2024年11月25日 初版第1刷発行

著者	石塚 弘記
	關 優作
	田中 健太郎
発行人	佐々木 幹夫
発行所	株式会社 翔泳社（https://www.shoeisha.co.jp）
印刷・製本	株式会社 加藤文明社

© 2024 Hiroki Ishizuka, Yusaku Seki, Kentaro Tanaka

本書は著作権法上の保護を受けています。本書の一部または全部について、株式
会社 翔泳社から文書による許諾を得ずに、いかなる方法においても無断で複写、
複製することは禁じられています。
本書へのお問い合わせについては、298ページに記載の内容をお読みください。
造本には細心の注意を払っておりますが、万一、乱丁（ページの順序違い）や落
丁（ページの抜け）がございましたら、お取り替えいたします。03-5362-3705
までご連絡ください。
ISBN 978-4-7981-8376-3

Printed in Japan